全国水情年报

2017

水利部信息中心　编著

U0315527

www.waterpub.com.cn

·北京·

内 容 提 要

本书介绍了2017年全国降水、台风、洪水、干旱、江河泾流量、水库蓄水、冰情及主要雨水情过程、各流域（片）洪水分述等内容。

本书内容全面，数据翔实准确，适合于社会经济、防汛抗旱、水资源管理、水文气象、农田水利、环境评价等领域的技术人员和政府决策人员阅读与参考。

图书在版编目（CIP）数据

全国水情年报. 2017 / 水利部信息中心编著. -- 北京：中国水利水电出版社，2018.9
ISBN 978-7-5170-6979-9

Ⅰ. ①全… Ⅱ. ①水… Ⅲ. ①水情－中国－2017－年报 Ⅳ. ①P337.2-54

中国版本图书馆CIP数据核字(2018)第232339号

审图号：GS（2018）5393号

书　　名	全国水情年报 2017
	QUANGUO SHUIQING NIANBAO 2017
作　　者	水利部信息中心 编著
出版发行	中国水利水电出版社
	（北京市海淀区玉渊潭南路1号D座　100038）
	网址：www.waterpub.com.cn
	E-mail：sales@waterpub.com.cn
	电话：（010）68367658（营销中心）
经　　售	北京科水图书销售中心 (零售)
	电话：（010）88383994、63202643、68545874
	全国各地新华书店和相关出版物销售网点
排　　版	中国水利水电出版社装帧出版部
印　　刷	北京博图彩色印刷有限公司
规　　格	210mm×285mm　16开本　4.75印张　109千字
版　　次	2018年9月第1版　2018年9月第1次印刷
印　　数	0001－1000 册
定　　价	59.00元

《全国水情年报 2017》编写组

主　　　编　　周国良

副　主　编　　卢洪健　高唯清　孙　龙　王　琳

主要编写人员　（按姓氏笔画排序）

王金星　王　容　尹志杰　朱　冰　朱春子

刘志雨　孙春鹏　李　岩　李　磊　张麓瑀

陈树娥　赵兰兰　胡健伟　胡智丹　侯爱中

黄昌兴　戚建国

目录

第 1 章 概述

2017 年，西北太平洋副热带高压明显偏强偏西，我国强降水过程多，暴雨洪水南北齐发、多地同发、局部重发，台风登陆时空集中，华西秋汛明显。

全国降水量略偏多，暴雨频繁落区重叠。2017 年，全国年降水量 641 mm，较常年偏多 3%，共出现 36 次强降水过程，33 个县（市）最大日降水量突破历史极值。6 月下旬至 7 月初，南方连续出现 2 次强降水过程，长江中下游等地降水持续 11 天，局地累积降水量达 900 mm，湖南省 6 月降水量为 1961 年以来同期最多。

台风生成登陆偏多，活动时间空间集中。西北太平洋和南海共生成 27 个台风，较常年偏多 1.5 个，有 8 个台风登陆我国，较常年偏多 0.8 个。7 月 21—22 日 34h 内生成 4 个台风，密集程度为 1949 年以来之最。"天鸽""帕卡""玛娃"12 天内相继登陆广东，"纳沙""海棠"时隔仅 21h 先后登陆福建福清，"天鸽"是 1949 年以来登陆珠江口地区的最强台风。

超警河流范围广，中小河流洪水量级大。2017 年，我国于 3 月 31 日入汛，较常年（4 月 1 日）早 1 天。全国共有 471 条河流超警，列 1998 年有系列统计资料以来第 2 位，涉及 24 个省（自治区、直辖市）。湖南湘江下游、江西乐安河上游、广西桂江中游、陕西无定河、吉林温德河等 20 条河流发生超历史纪录洪水。

大江大河洪水并发，洞庭湖发生大洪水。我国长江、黄河、淮河、松花江、西江五大流域共发生 10 次编号洪水。长江发生中游型区域性大洪水，中游干流莲花塘以下江段及洞庭湖、鄱阳湖水位超警时间达 6～17 天；洞庭湖水系湘江、资水、沅江同时发生流域性大洪水，湘江干流水位全线超保，洞庭湖最大入湖、出湖流量均为 1949 年以来最大。

华西秋雨明显偏多，汉江发生较大秋汛。9—10 月，长江上游干流、汉江、淮河流域降水量较常年同期偏多 5 成至 1.2 倍，列 1961 年以来同期第 1～3 位。长江及汉江上游连续发生 4 次洪水过程，淮河上游干流二度超警，其中汉江丹江口水库最大 30 天洪量达 175.7 亿 m³，重现期接近 10 年。

水文干旱总体偏轻，局部地区受旱较重。2017 年，全国水文干旱总体偏轻，区域性、阶段性旱情较为突出。华北北部、东北大部发生春旱，5 月中旬为干旱高峰期，中度以上缺墒县区一度增至 80 个，其中内蒙古、辽宁、河北、山西、山东、河南等 6 省（自治区）有 31 个县区重度缺墒。7 月下旬至 8 月初，持续高温少雨导致江南、江淮部分地区发生夏伏旱。

江河来水接近常年，水库蓄水总体偏多。2017 年，全国主要江河年径流量接近常年，空间上呈"南多北少"态势。长江下游接近常年略偏多，西江偏多 1 成，淮河偏多 3～7 成；黄河偏少 2～5 成，松花江、辽河偏少 4～5 成。2017 年末，全国水库蓄水总量较常年偏多近 2 成，安徽、河南、河北、青海等地水库蓄水量偏多 4～7 成。

春季开河大部偏早，冬季封河总体偏晚。3—4 月，黄河内蒙古河段、松花江干流、黑龙江干流等封冻河流陆续开河，开河日期较常年偏早 1～16 天；11—12 月，黑龙江、松花江、黄河内蒙古河段等干流河段相继封冻，黑龙江和黄河内蒙古河段等干流首封日期较常年偏晚 1～17 天，松花江干流首封日期较常年提前 1～9 天，凌情总体平稳。

第 2 章　雨水情概况

2.1　降水

2.1.1　全国年降水量较常年略偏多

2017 年，全国降水量为 641 mm，较常年（历史均值 625 mm）偏多 3%，较 2016 年（730 mm）偏少 12%，与 2015 年（645 mm）接近，见图 2.1。

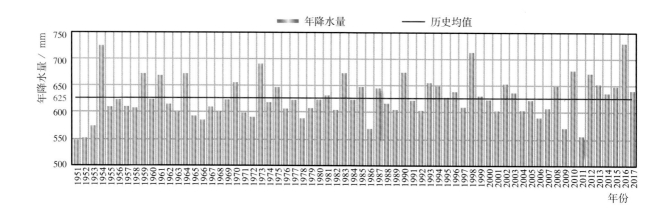

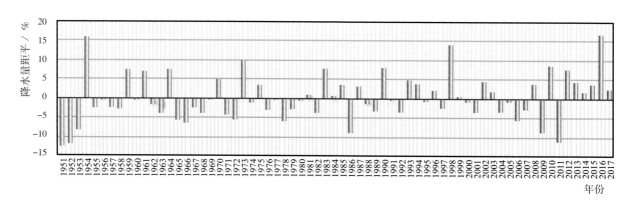

图 2.1　历年全国年降水量及距平百分率图

2.1.2　空间格局呈现"中部多南北少"

降水空间分布总体呈现中部偏多、南北偏少的特征。西北东南部和西南部、华北大部、东北中部、黄淮西南部、江淮、江南西北部、华南西部等地偏多 1 ～ 3 成，西北中部、东北南部、黄淮北部、江南东南部、华南东部、西南中部及内蒙古中东部偏少 1 ～ 4 成，见图 2.2 和图 2.3。

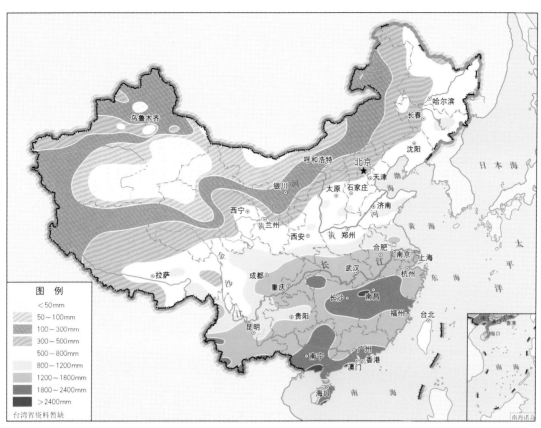

图 2.2　2017 年全国年降水量分布图

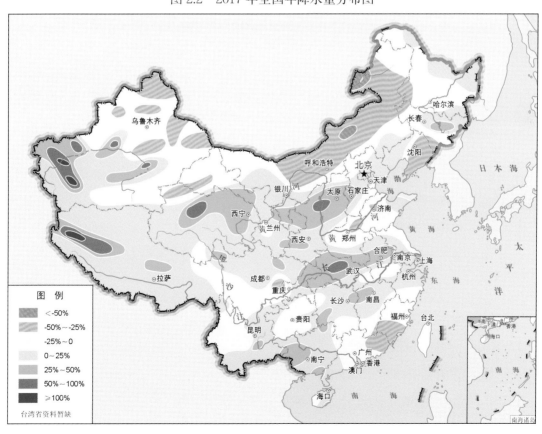

图 2.3　2017 年全国年降水量距平百分率图

2.1.3 时间分布呈现"前后少中间多"

全国降水呈现前后少中间多的时间特征，1—5月除3月较常年偏多外，其余月份均偏少，其中2月偏少23%；6—10月，除7月较常年略偏少外，其余月份均偏多，其中8月偏多18%、10月偏多24%；11月和12月全国降水量较常年均偏少，其中12月偏少45%，见图2.4。

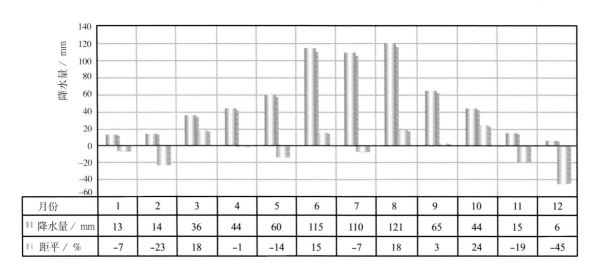

月份	1	2	3	4	5	6	7	8	9	10	11	12
降水量 / mm	13	14	36	44	60	115	110	121	65	44	15	6
距平 / %	−7	−23	18	−1	−14	15	−7	18	3	24	−19	−45

图 2.4　2017年全国逐月降水量及距平百分率图

2.1.4 强降水过程多，暴雨强度大

2017年，全国共出现36次强降水过程。6月22日至7月2日，南方持续11天强降水天气，雨带维持在湖南、江西、贵州、广西等地小幅摆动，局地最大累积降水量高达900 mm；7月中旬，吉林省中部出现两次强降水过程，暴雨中心高度重叠在吉林市，永吉县日降水量两度破历史纪录；8月下旬至9月中旬，两广南部接连3次遭受台风暴雨袭击，珠海累积降水量超过500 mm。2017年最大日降水量广东江门锦江为465 mm（6月21日），过程最大点降水量广东惠州吉隆为911 mm（6月12—16日）。

2.1.5 秋季雨日多，降水总量大

9—10月，华西地区（陕甘宁鄂湘渝贵川）降雨日数多达44天，面平均降水量为189 mm，较常年同期偏多2.9成。其中，长江上游干流面平均降水量为286 mm、淮河流域为251 mm，分别较常年同期偏多5成、1.1倍，列1961年以来第2、第1位；汉江流域面平均降水量为396 mm，较常年同期偏多1.2倍，列1961年以来第3位。累积最大点降水量重庆巫溪红池坝为1088 mm，四川达州皮窝为973 mm，陕西紫阳谱子垭为824 mm，与当地常年年降水量相当。

2.2　台风

2.2.1　台风生成数偏多，南海台风比例高

2017 年，西北太平洋和南海共生成台风 27 个，较常年偏多 1.5 个，其中有 9 个台风在南海生成，较常年南海台风数（4.8 个）偏多近 1 倍。有 8 个台风登陆我国，较常年（7.2 个）也偏多，见图 2.5。

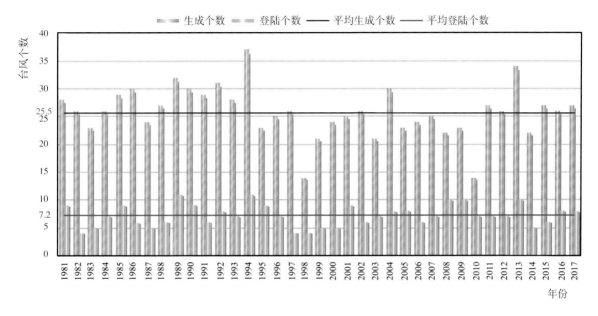

图 2.5　历年生成和登陆台风个数柱状图

2.2.2　台风活动阶段性明显，登陆区域集中

7 月 21—22 日有 4 个台风生成，密集程度为 1949 年以来之最；8 月下旬生成 4 个台风，较常年同期（2.1 个）偏多近 1 倍，历史少见。2017 年逐月台风生成个数见图 2.6。

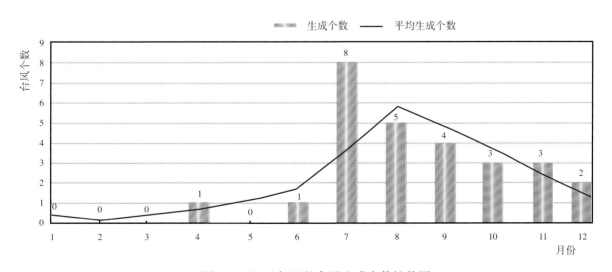

图 2.6　2017 年逐月台风生成个数柱状图

8个登陆台风中，有5个登陆地在广东，登陆广东台风个数较常年（2.7个）偏多近1倍。7月30—31日，"纳沙""海棠"时隔仅21h相继在福建福清登陆，为1949年以来首次。8月23日至9月3日12天内，"天鸽""帕卡""玛娃"相继登陆广东，密集程度仅次于1980年8天内（7月19—27日）3个台风接连登陆广东的纪录。2017年登陆台风路径见图2.7。

2.2.3 多台风同时活动，交互作用大

2017年出现了四台风共存、三台风共存、双台风相互影响及陆上合并北上等历史少见的台风活动现象。7月21—22日，西北太平洋和南海在短短34h内生成4个台风，为1949年以来首次出现"四台风共存活动"。

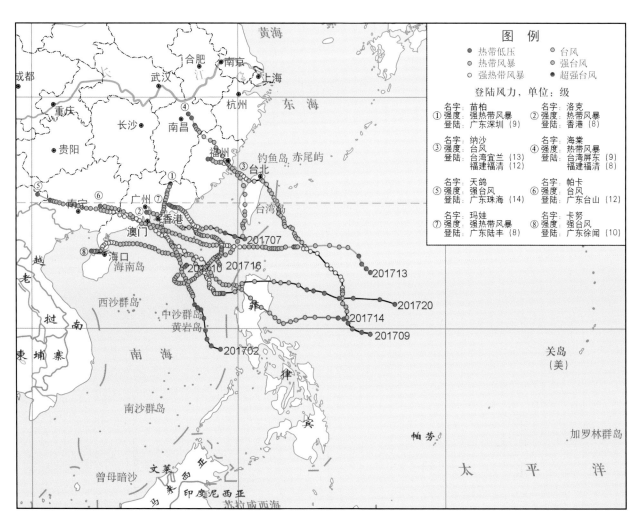

图 2.7　2017年登陆台风路径图
（图中括号内数字为登陆风力，单位：级）

2.2.4 台风登陆强度大，影响范围广

2017 年登陆我国最强的台风为第 13 号台风"天鸽"，其登陆时风力达 14 级，为 1949 年以来登陆珠江口地区最强台风，强风暴雨及风暴潮给珠江三角洲造成严重经济损失。第 9 号台风"纳沙"和第 10 号台风"海棠"先后登陆福建，之后环流合并并北上与冷空气结合，造成我国东部 18 个省（自治区、直辖市）出现强降水，华东、华北和东北多地出现大暴雨，局地特大暴雨，50 mm 以上暴雨笼罩面积达 124.9 万 km²，累积最大点降水量福建福州建新水库为 542 mm。2017 年登陆和影响我国的台风基本情况见表 2.1。

2.3 洪水

2.3.1 大江大河洪水并发，洞庭湖发生大洪水

2017 年，我国长江、黄河、淮河、松花江、西江五大流域共发生 10 次编号洪水，为 2010 年以来最多，其中西江、淮河各发生 3 次编号洪水。长江发生中游型区域性大洪水，干流莲花塘以下江段及两湖全面超警戒水位，超警最长历时 17 天；洞庭湖城陵矶站超保证水位，最大入湖、出湖流量均为 1949 年以来最大，湘江、资水、沅江同时发生流域性大洪水。珠江流域西江发生 2008 年以来最大洪水，淮河发生历史罕见秋汛，黄河中游发生超警戒流量洪水，第二松花江发生两次严重暴雨洪水。详见图 2.8 和图 2.9。

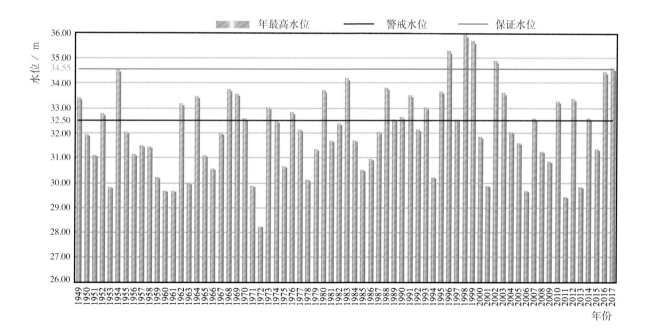

图 2.8　长江洞庭湖城陵矶站历年最高水位柱状图

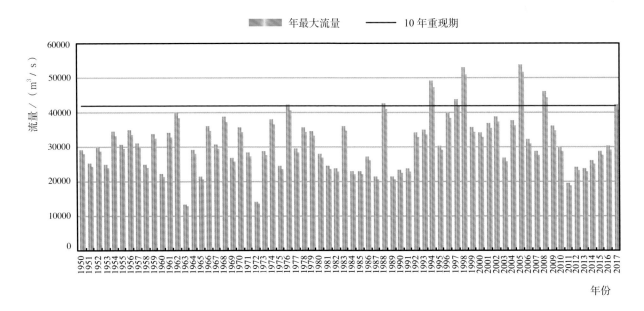

图 2.9 西江梧州站历年最大流量柱状图

2.3.2 洪水发生范围广，超警频次高

2017 年，全国共有 471 条河流发生超警洪水，为 1998 年有系列统计资料以来第 2 多，仅次于 2016 年的 473 条（见图 2.10），涉及 24 个省（自治区、直辖市）。其中，南方的湖南、江西、广西、云南、四川、江苏、浙江等 15 个省（自治区）有 395 条河流发生超警洪水，北方的黑龙江、吉林、陕西、河南、甘肃、新疆等 9 个省（自治区）有 76 条河流发生超警洪水。

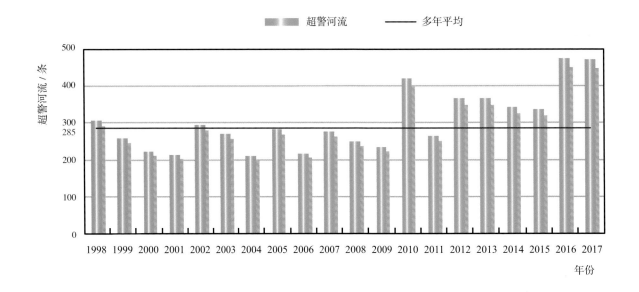

图 2.10 1998 年以来全国发生超警洪水的河流条数

表2.1　2017年登陆和影响我国的台风基本情况

序号	编号	名称	鼎盛量级	登陆情况			影响地区	降水情况	洪水情况
				时间	地点	风力（风速）			
1	201702	苗柏	强热带风暴	6月12日23时	广东深圳大鹏岛	9级（23m/s）	广东、江西、福建	6月12—14日，广东中东部、福建南部降了暴雨到大暴雨，其中广东东部沿海、福建莆田泉州厦门等地150～230 mm；大于100 mm、50 mm笼罩面积分别为6.3万km²、18.8万km²；过程最大点降水量广东惠州吉隆615 mm，最大日降水量广东惠州吉隆377 mm（6月12日）	福建交溪、广东东江支流淡水河2条中小河流发生超警洪水，超警幅度0.06～0.49 m
2	201707	洛克	热带风暴	7月23日9时50分	香港	8级（18m/s）	广东、广西、海南	7月22—24日，广东东部沿海、广西东部、广州海南降了中到大雨，其中广东东部、广州局部降了暴雨；过程最大点降水量广东汕尾顺洲169 mm，最大日降水量广东汕尾顺洲169 mm（7月23日）	主要江河未发生超警洪水
3	201709	纳沙	台风	7月29日19时40分	台湾宜兰	13级（40m/s）	福建、浙江、安徽、湖北、山东、河南、河北、天津、吉林、黑龙江、内蒙古等	7月29日至8月3日，华南东部、江南中部、江淮西部、黄淮、华北东部、华北东部，其中福建沿海、浙江东南部、安徽东南部、吉林中部、黑龙江中部局部出现了大暴雨，大于250 mm、100 mm、50 mm的笼罩面积分别为1.2万km²、34.8万km²、124.9万km²；过程最大点降水量福建建瓯新水库542 mm，浙江温州九峰村482 mm，辽宁鞍山马家堡子436 mm，河南信阳任民镇408 mm，黑龙江绥化任民镇385 mm，最大日降水量辽宁鞍山马家堡子410 mm（8月3日），福建建瓯新水库354 mm（7月31日）	福建尤溪、交溪、江西饮马河、吉林饮马河、温德河等12条中小河流发生超警洪水，超警幅度0.17～1.04 m；辽宁大洋河发生10年一遇左右较大洪水
				7月30日6时	福建福清	12级（33m/s）			
				7月30日17时30分	台湾屏东	9级（23m/s）			
4	201710	海棠	热带风暴	7月31日2时50分	福建福清	8级（18m/s）			

续表

序号	编号	名称	鼎盛量级	登陆情况			影响地区	降水情况	洪水情况
				时间	地点	风力（风速）			
5	201713	天鸽	强台风	8月23日12时50分	广东珠海	14级（45 m/s）	广东、福建、广西、海南、云南、贵州	8月22—25日，华南南部出现暴雨到大暴雨，大于100 mm、50 mm的暴雨笼罩面积分别为14.3万 km²、65.6万 km²；过程最大点降水量广东茂名大田顶432 mm、广西钦州南间368 mm，最大日降水量广东茂名谢鸡圩322 mm（8月23日）、广西玉林六万谷243 mm（8月23日）	广东漠阳江，广西北流河、南流江，云南白水江等20条中小河流发生超警洪水，超警幅度0.10～3.29 m；受"天鸽"登陆及天文大潮影响，广东沿海及珠三角口区有16个潮位站超警0.16～1.29 m，其中赤湾、南沙、泗盛围、黄埔、中大、横门等6站超历史最高潮位
6	201714	帕卡	台风	8月27日9时	广东台山	12级（33 m/s）	广东、广西、福建、贵州、云南	8月26—29日，广东、广西、云南、海南部降了中到大雨，其中广东中部西部、广西西南部降了大暴雨，大于100 mm、50 mm的暴雨笼罩草面积分别为3.9万 km²、28.4万 km²；过程最大点降水量广东惠州背龙尾路417 mm，广西防城港防城342 mm，云南昆明大河小寨256 mm，最大日降水量广西防城港防城259 mm（8月28日）、广东广州新港西路249 mm（8月27日）	广东漠阳江、建成河、淡水河，广西武思江、英竹河，云南清水河、南爱河等13条中小河流发生超警洪水，超警幅度0.09～1.41 m；广西郁江邕宁江段水位超警1.42 m
7	201716	玛娃	强热带风暴	9月3日21时30分	广东汕尾陆丰	8级（20 m/s）	福建、广东	9月2—4日，华南东部沿海降了中到大雨，其中广东珠海惠州中山、福建漳州等地局部降了大暴雨，大于50 mm的暴雨笼罩面积0.8万 km²；过程最大点降水量广东东沙岛423 mm，广东珠海海竹仙洞242 mm，最大日降水量广东珠海海站211 mm（9月3日）	主要江河未发生超警洪水

续表

| 序号 | 编号 | 名称 | 鼎盛量级 | 登陆情况 | | | 影响地区 | 降水情况 | 洪水情况 |
				时间	地点	风力（风速）			
8	201720	卡努	强台风	10 月 16 日 3 时 25 分	广东徐闻	10 级（28 m/s）	浙江、广东、上海、海南、江西、安徽、广西、湖南、福建、江苏、贵州	10 月 14—16 日，华南大部、江南中部东部、江淮南部等地降了中到大雨，其中浙江东北部、广东东部和沿海、海南北部等地部分地区降了暴雨到大暴雨；大于 100 mm、50 mm 暴雨笼罩面积分别为 1.6 万 km²、14.7 万 km²；过程最大点降水量浙江象山大目涂 414 mm，广东惠州布心 300 mm，最大日降水量浙江象山大目涂 352 mm（10 月 15 日）	浙江甬江支流姚江、慈江、东江、古林河、白泉水系白泉主河以及独立入海河流四丈河、龙山河等 13 条中小河流发生超警以上洪水，超警幅度 0.07～1.18 m，其中姚江、慈江、白泉主河、四丈河发生超保洪水；太湖周边杭嘉湖区水位普遍上涨，有 12 站水位超警 0.01~0.47 m

2017 年，长江、黄河、淮河、松花江、西江五大流域发生的 10 次编号洪水中，有 7 次发生在 7 月；主要江河和中小河流超警洪水皆发生于 3—10 月，以 6—8 月最集中，依次为 226 条、268 条和 124 条，约占全年的 84%；9 月和 10 月也较多，分别为 67 条和 20 条（超警河流条数在月内不重复统计，各月之间可能重复）。各月超警河流条数详见图 2.11。

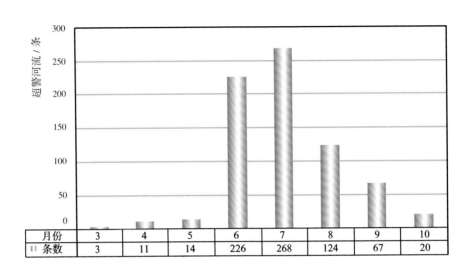

月份	3	4	5	6	7	8	9	10
条数	3	11	14	226	268	124	67	20

图 2.11　2017 年各月超警河流条数柱状图

2.3.3　中小河流洪水量级大，局地洪水极端性强

2017 年，全国有 96 条河流发生超保以上洪水，其中 20 条发生超历史纪录洪水，包括湖南湘江下游、广西桂江上游、云南澜沧江上游等 5 条主要河流，以及四川大渡河支流小金川、湖南湘江支流捞刀河、江西乐安河支流段莘水、陕西无定河、吉林温德河等 15 条中小河流。

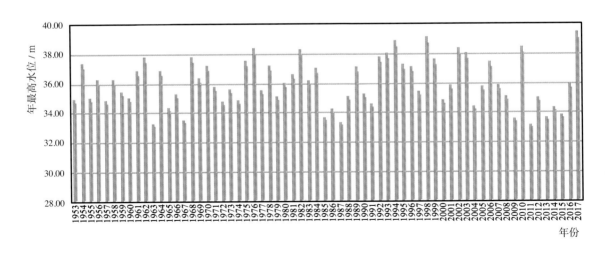

图 2.12　湖南湘江长沙站历年最高水位柱状图

湖南湘江下游长沙站7月3日洪峰水位39.51 m，列1953年有实测资料以来第1位（见图2.12），洪水重现期超50年；江西乐安河上游婺源河段超过历史最高水位4.00 m之多，洪水重现期超100年；陕西无定河支流大理河绥德站流量6h内由3.46 m³/s涨至3160 m³/s，比原实测最大流量大670 m³/s；吉林第二松花江支流温德河7月14—21日8天内发生3次超保洪水，其中1次为超历史纪录洪水（见图2.13），极端暴雨洪水历史罕见。

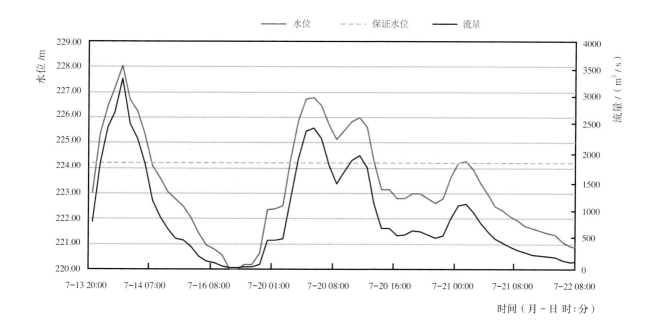

图2.13　2017年7月吉林温德河口前水文站水位－流量过程线

2.3.4　汉江、淮河发生较大秋汛

2017年9—10月，长江上游干流及汉江、淮河流域降水量较常年同期偏多5成至1.2倍，华西等地发生明显秋汛，全国有10个省份82条河流超警，其中15条河流超保，太湖流域北部江苏大运河无锡、洛社、青阳、望亭等4站出现历史最高水位。

长江上游及汉江上游连续发生4次洪水过程，汉江丹江口水库最大30天入库水量175.7亿 m³（9月24日至10月23日），重现期接近10年（193亿 m³），汉江中下游干流宜城至汉川江段水位超警；淮河发生两次编号洪水，上游干流王家坝水文站出现2010年以来最高水位28.31 m，列1952年以来10月历史同期第1位（9—10月列第3位），见图2.14，王家坝至吴家渡河段10月径流量列历史同期第1位。

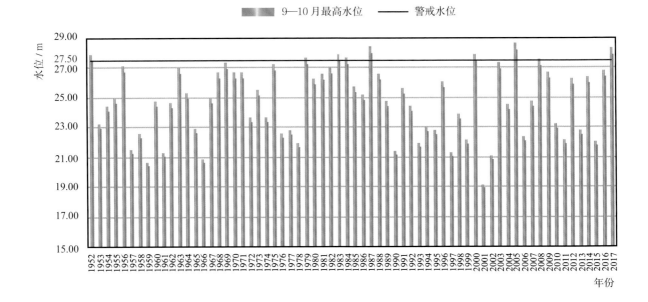

图 2.14   淮河王家坝站历年 9—10 月最高水位柱状图

2.4   干旱

2017 年全国水文干旱总体偏轻，但区域性、阶段性旱情较为突出。

2.4.1   华北北部、东北大部发生春旱

2017 年 3—5 月，河北北部和东部、内蒙古东部、东北大部降水量较常年同期偏少 3~8 成，局地偏少 8~9 成；5 月北方地区出现 5 次高温天气过程。高温少雨导致部分地区失墒严重，干旱快速发展，5 月中旬为干旱高峰期，冬麦区和东北地区中度以上缺墒县（区）一度增至 80 个，其中内蒙古、辽宁、河北、山西、山东、河南等 6 省（自治区）有 31 个县（区）重度缺墒。

2.4.2   北方和长江中下游部分地区发生夏伏旱

2017 年 6—8 月，东北大部、西北东部及华北北部部分地区出现持续晴热高温天气，平均气温普遍比常年偏高 1 ℃以上，局地最高气温及 35 ℃以上连续高温日数破历史极值；上述大部地区 6—7 月降水量较常年同期偏少 2 ~ 5 成。高温少雨导致部分地区土壤失墒加速，河川径流量减少，水库蓄水不足，辽宁、内蒙古、陕西、宁夏、甘肃等省（自治区）大部分河流来水量较常年同期偏少 3 ~ 8 成，内蒙古全区有 197 座水库空库运行。

7月上旬出梅后至8月初，受副热带高压偏强偏南影响，长江中下游地区持续高温少雨，35 ℃以上的高温持续日数为 6 ～ 11 天，部分地区达 13 ～ 15 天，湖北、湖南、安徽、重庆、贵州等地降水偏少 3 ～ 7 成，其中湖南偏少 7 成、重庆偏少 6 成。高温少雨导致上述部分地区干旱发展较快，土壤缺墒严重，江河来水量偏少，部分中小河流河道断流。8月初为高温夏伏旱高峰期，之后受一次西风带较强降雨过程及台风"纳沙""海棠"带来的降雨影响，大部地区旱情得以有效缓解。

2.5 江河径流量 *

2.5.1 年径流量南多北少

2017 年，全国主要江河年径流量接近常年略偏多，空间上呈南多北少态势。长江中下游接近常年略偏多，淮河偏多 3 成，西江偏多近 1 成；黄河偏少 2 ～ 5 成，松花江、辽河偏少 4 ～ 5 成，海河流域拒马河偏少 9 成。2017 年全国主要江河年径流量距平见图 2.15。

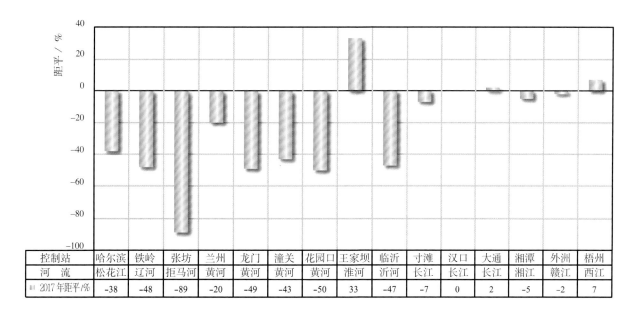

控制站	哈尔滨	铁岭	张坊	兰州	龙门	潼关	花园口	王家坝	临沂	寸滩	汉口	大通	湘潭	外洲	梧州
河 流	松花江	辽河	拒马河	黄河	黄河	黄河	黄河	淮河	沂河	长江	长江	长江	湘江	赣江	西江
■ 2017 年距平/%	-38	-48	-89	-20	-49	-43	-50	33	-47	-7	0	2	-5	-2	7

图 2.15　2017 年全国主要江河年径流量距平图

---

* 松花江、辽河、海河、黄河流域径流量统计时段划分：汛前（1—5月）、汛期（6—9月）、汛后（10—12月）；淮河、长江、珠江及钱塘江、闽江流域径流量统计时段划分：汛前（1—4月）、汛期（5—9月）、汛后（10—12月）。

2.5.2 汛前径流量明显偏多

2017 年汛前，长江、西江、淮河径流量均较常年同期偏多。长江偏多 4 成，西江偏多 3 成，淮河偏多 2 成，见图 2.16。

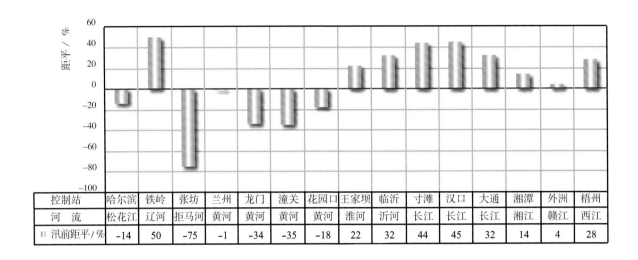

控制站	哈尔滨	铁岭	张坊	兰州	龙门	潼关	花园口	王家坝	临沂	寸滩	汉口	大通	湘潭	外洲	梧州
河　流	松花江	辽河	拒马河	黄河	黄河	黄河	黄河	淮河	沂河	长江	长江	长江	湘江	赣江	西江
汛前距平/%	-14	50	-75	-1	-34	-35	-18	22	32	44	45	32	14	4	28

图 2.16　2017 年全国主要江河汛前径流量距平图

2.5.3 汛期径流量普遍偏少

2017 年汛期，主要江河洪水普遍历时不长、洪量不大，导致江河径流量大部偏少，其中长江上游偏少 2 成、中下游偏少 1 成，黄河偏少 4~6 成，淮河偏少 2 成，松花江偏少 4 成，辽河偏少 7 成，海河拒马河偏少 8 成，见图 2.17。

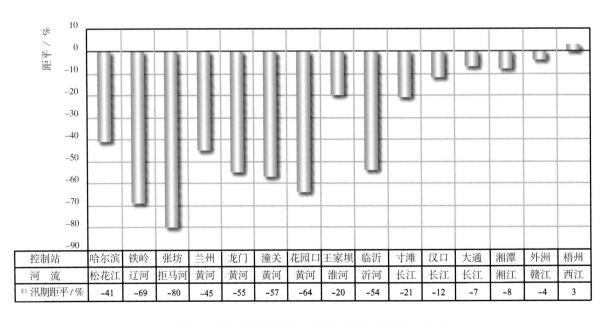

控制站	哈尔滨	铁岭	张坊	兰州	龙门	潼关	花园口	王家坝	临沂	寸滩	汉口	大通	湘潭	外洲	梧州
河　流	松花江	辽河	拒马河	黄河	黄河	黄河	黄河	淮河	沂河	长江	长江	长江	湘江	赣江	西江
汛期距平/%	-41	-69	-80	-45	-55	-57	-64	-20	-54	-21	-12	-7	-8	-4	3

图 2.17　2017 年全国主要江河汛期径流量距平图

2.5.4 汛后径流量南多北少

2017 年汛后，主要江河径流量南方大部偏多，北方大部偏少，其中长江上游、西江均偏多约 1 成，淮河上游偏多 3 倍，见图 2.18。

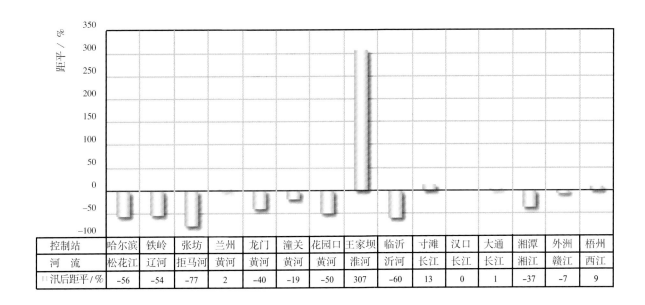

控制站	哈尔滨	铁岭	张坊	兰州	龙门	潼关	花园口	王家坝	临沂	寸滩	汉口	大通	湘潭	外洲	梧州
河　流	松花江	辽河	拒马河	黄河	黄河	黄河	黄河	淮河	沂河	长江	长江	长江	湘江	赣江	西江
汛后距平/%	-56	-54	-77	2	-40	-19	-50	307	-60	13	0	1	-37	-7	9

图 2.18 2017 年全国主要江河汛后径流量距平图

2.6 水库蓄水

2.6.1 汛初全国水库蓄水总量较常年偏多 1 成

据全国 4271 座水库蓄水情况统计，2017 年汛初（6 月 1 日）蓄水总量 3099.6 亿 m^3，较常年同期偏多 12%，较 2016 年同期偏少 2%。其中，641 座大型水库蓄水量 2752.4 亿 m^3，较常年同期偏多 12%，较 2016 年同期偏少 2%；2613 座中型水库蓄水量 335.3 亿 m^3，较常年同期偏多 6%，较 2016 年同期偏少 6%。详见表 2.2。

2.6.2 汛末全国水库蓄水总量较常年偏多 1 成

据全国 4419 座水库蓄水情况统计，2017 年汛末（10 月 1 日）蓄水总量 4055.1 亿 m^3，较常年同期、2016 年同期分别偏多 13%、6%。其中，638 座大型水库蓄水量 3664.6 亿 m^3，较常年同期、2016 年同期分别偏多 14%、7%；2621 座中型水库蓄水量 376.8 亿 m^3，较常年同期、2016 年同期分别偏多 6%、1%。详见表 2.3。

表 2.2　2017 年 6 月 1 日全国水库蓄水统计表

序号	省（自治区、直辖市）	统计座数	蓄水量 / 亿 m³	与 2016 年同期比较 / %	与常年同期比较 / %
1	北京	20	24.2	43	25
2	天津	5	2.7	−17	−25
3	河北	67	59.1	84	54
4	山西	52	12.0	19	2
5	内蒙古	16	4.5	−27	−56
6	辽宁	320	73.8	11	8
7	吉林	118	161.0	2	24
8	黑龙江	75	72.2	−17	−16
9	上海	1	2.3	−3	−3
10	江苏	49	10.1	10	24
11	浙江	218	226.3	−12	3
12	安徽	385	73.8	−10	36
13	福建	139	71.5	−32	−16
14	江西	68	80.6	−6	10
15	山东	184	25.8	48	11
16	河南	124	83.9	13	−4
17	湖北	279	560.0	8	29
18	湖南	297	190.0	−15	−8
19	广东	295	165.9	−15	6
20	广西	194	223.6	−12	1
21	海南	82	48.6	61	60
22	重庆	518	49.0	−2	−9
23	四川	224	286.1	0	11
24	贵州	96	123.5	−11	−4
25	云南	229	168.8	−4	10
26	西藏	3	6.9	−2	−1
27	陕西	76	30.7	7	6
28	甘肃	46	49.5	0	28
29	青海	12	183.2	4	36
30	宁夏	8	0.6	−3	−25
31	新疆	71	29.2	22	12
	合计	4271	3099.6	−2	12

注　表中统计数据未包括香港特别行政区、澳门特别行政区和台湾省资料。

表 2.3　2017 年 10 月 1 日全国水库蓄水统计表

序号	省（自治区、直辖市）	统计座数	蓄水量 / 亿 m³	与 2016 年同期比较 / %	与常年同期比较 / %
1	北京	21	26.5	19	15
2	天津	5	5.4	7	8
3	河北	65	67.2	−1	40
4	山西	56	13.7	1	24
5	内蒙古	22	5.8	27	−55
6	辽宁	373	78.3	−18	−4
7	吉林	118	139.8	−22	−20
8	黑龙江	130	122.3	3	−4
9	上海	1	2.2	0	−1
10	江苏	83	11.1	34	32
11	浙江	215	232.4	−11	3
12	安徽	380	78.3	23	54
13	福建	139	84.3	−29	−16
14	江西	66	103.0	1	26
15	山东	187	41.5	29	12
16	河南	124	107.1	23	15
17	湖北	287	800.0	23	38
18	湖南	285	235.4	8	4
19	广东	293	199.6	−6	10
20	广西	201	360.8	14	22
21	海南	81	46.6	2	8
22	重庆	545	57.6	21	14
23	四川	221	490.8	6	3
24	贵州	94	187.7	14	15
25	云南	229	224.5	1	10
26	西藏	1	1.4	2	9
27	陕西	91	41.6	50	13
28	甘肃	47	58.5	4	−1
29	青海	11	217.6	12	22
30	宁夏	14	0.8	−1	−23
31	新疆	34	13.2	−8	−12
	合计	4419	4055.1	6	13

注　表中统计数据未包括香港特别行政区、澳门特别行政区和台湾省资料。

2.6.3　年末全国水库蓄水总量较常年偏多近 2 成

据全国 3524 座水库蓄水情况统计，2017 年年末（2018 年 1 月 1 日）蓄水总量 3837 亿 m^3，较常年同期、2016 年同期分别偏多 18%、3%。其中，604 座大型水库蓄水量 3517.7 亿 m^3，较常年同期、2016 年同期分别偏多 18%、4%；2269 座中型水库蓄水量 312.1 亿 m^3，较常年同期偏多 8%，较 2016 年同期偏少 5%。详见表 2.4。

表 2.4　2018 年 1 月 1 日全国水库蓄水统计表

序号	省（自治区、直辖市）	统计座数	蓄水量 / 亿 m^3	与 2016 年同期比较 / %	与常年同期比较 / %
1	北京	18	27.8	15	21
2	天津	5	5.1	0	−13
3	河北	65	73.1	2	50
4	山西	54	15.4	20	14
5	内蒙古	13	5.1	28	−55
6	辽宁	266	76.9	−14	−7
7	吉林	116	128.7	−12	−12
8	黑龙江	45	62.9	15	−3
9	上海	1	3.5	2	23
10	江苏	83	10.6	−6	21
11	浙江	216	218.3	−13	11
12	安徽	360	79.5	−6	70
13	福建	139	77.0	−29	−12
14	江西	68	91.5	−2	38
15	山东	187	38.2	18	10
16	河南	124	141.2	28	41
17	湖北	258	860.9	14	32
18	湖南	164	190.2	−12	1
19	广东	289	173.6	−15	10
20	广西	193	311.9	8	13
21	海南	82	59.0	−11	18
22	重庆	168	37.2	6	0
23	四川	184	426.8	3	−1
24	贵州	94	179.8	7	25
25	云南	195	184.3	2	10
26	西藏	2	7.7	1	2

序号	省（自治区、直辖市）	统计座数	蓄水量 / 亿 m³	与 2016 年同期比较 / %	与常年同期比较 / %
27	陕西	45	43.4	28	22
28	甘肃	47	51.5	12	−1
29	青海	10	246.6	21	50
30	宁夏	9	0.7	−1	−21
31	新疆	24	8.8	−3	6
	合计	3524	3837.0	3	18

注 表中统计数据未包括香港特别行政区、澳门特别行政区和台湾省资料。

2.7 冰情

2.7.1 春季开河日期大部偏早

黄河内蒙古河段 3 月 21 日全线开河，开河日期较常年（3 月 26 日）偏早 5 天，见图 2.19；嫩江干流 4 月 12 日全线开江，较常年偏早 6 ~ 15 天；松花江干流 4 月 13 日全线开江，较常年偏早 3 ~ 7 天；黑龙江干流 4 月 29 日全线开江，其中鸥浦、三道卡江段开江日期接近常年，其他江段开江日期较常年偏早 1 ~ 16 天。

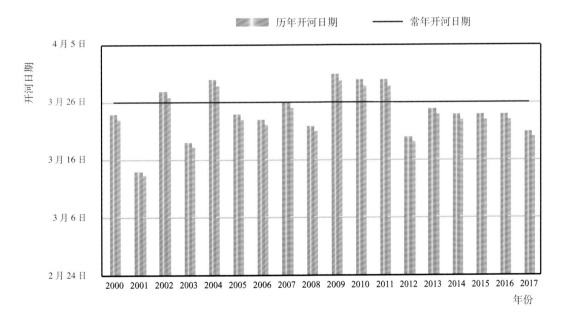

图 2.19　2000 年以来黄河宁蒙河段开河日期柱状图

2.7.2 冬季黄河首封日期略偏晚

黄河上游内蒙古河段头道拐水文断面上游 4 km 处 12 月 4 日出现首封，首封日期较常年（12 月 2 日）偏晚 2 天，见图 2.20。黑龙江境内主要河流 11 月 29 日全线封冻，封冻日期总体较常年北部偏晚、南部提前。其中，黑龙江干流除抚远段，其他江段封冻日期较常年偏晚 1 ～ 17 天；嫩江干流除同盟段、富拉尔基段，其他江段较常年偏晚 5 ～ 14 天；松花江干流、乌苏里江干流封冻日期较常年提前 1 ～ 9 天。

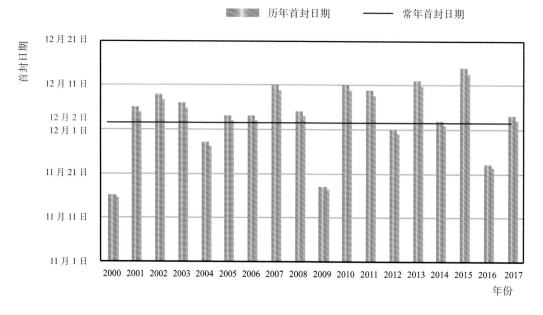

图 2.20　2000 年以来黄河宁蒙河段首封日期柱状图

第 3 章 　主要雨水情过程

3.1 　汛前

3月29—31日华南江南出现强降水，我国3月31日进入汛期

3月29—31日，华南、江南、江淮西部等地出现强降水过程，大于 50 mm 的暴雨笼罩面积为 13.2 万 km²；过程最大点降水量广东韶关长潭 162 mm，见图 3.1。

受强降水影响，湖南湘江上游潇水、广西湘江上游灌江及广东北江上游绥江等 3 条河流发生超警洪水，其中潇水控制站双牌水文站（入汛代表站，湖南永州，集水面积 10599 km²）3 月 31 日 12 时 37 分洪峰水位为 129.99 m，超过警戒水位（129.60 m）0.39 m。依据《我国入汛日期确定方法（试行）》（国汛〔2014〕2 号）第六条规定，满足"任意入汛代表站发生超过警戒水位的洪水"，确定 2017 年我国入汛日期为 3 月 31 日，较多年平均入汛日期（4 月 1 日）早 1 天。

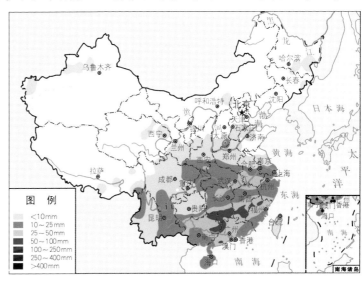

图 3.1　2017 年 3 月 29—31 日降水分布图

3.2 　汛期

3.2.1 　6月上旬中东部出现3次强降水过程，江苏福建广西等地部分中小河流超警

5 月 31 日至 6 月 2 日，江南南部西部、华南北部等地出现一次移动性强降水过程，大于 100 mm、50 mm 的暴雨笼罩面积分别为 2.5 万 km²、30.8 万 km²；过程最大点降水量江西赣州石孜坳水库 234 mm。

6 月 3—6 日，我国中东部大部出现一次大范围移动性强降水过程，大于 100 mm、50 mm 的暴雨笼罩面积分别为 4.1 万 km²、84.0 万 km²，过程最大点降水量广东韶关大桥 300 mm。

6 月 8—11 日，西北东部、黄淮西部、江淮、江南、西南东部、华南中西部等地出现一次强降水过程，大于 100 mm、50 mm 的暴雨笼罩面积分别为 5.7 万 km²、44.6 万 km²；过程最大点降水量江苏常州金坛 266 mm、湖北荆州毛市 265 mm。

受强降水影响，广西、福建、江苏、浙江等9省（自治区）有33条中小河流发生超警洪水，其中江苏大运河、望虞河等5条河流发生超保洪水。

3.2.2 6月12—16日南方出现持续较强降水，四川大渡河上游发生超历史洪水

6月12—16日，受第2号台风"苗柏"登陆和江南切变线共同影响，江南、华南、西南东部、江淮南部等地出现持续性强降水，大于250 mm、100 mm、50 mm的暴雨笼罩面积分别为1.6万 km²、36.7万 km²、113.6万 km²，见图3.2（a）；过程最大点降水量广东惠州吉隆达911 mm，为2017年过程降水最大值。

受强降水影响，四川大渡河、广东韩江、浙江富春江，福建九龙江、广西红水河支流盘阳河、贵州乌江上游支流独木河、西藏澜沧江上游等40条河流发生超警以上洪水，其中四川大渡河全线超警，上游干流及支流梭磨河、小金川发生超历史洪水，见图3.2（b）。

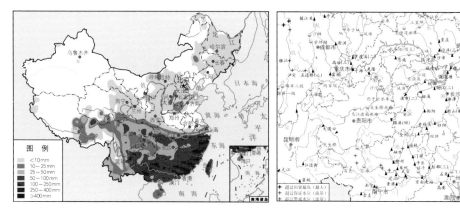

（a）降水分布图　　　　　　　　　　　　（b）超警河流分布图

图3.2　2017年6月12—16日降水、超警河流分布图

3.2.3 6月22日至7月2日南方持续出现强降水，长江中游发生区域性大洪水，西江出现2017年第1号洪水

6月22日至7月2日，长江中下游连续发生2次强降水过程，覆盖范围广，大于400 mm、250 mm、100 mm的暴雨笼罩面积分别为2.4万 km²、20.7万 km²、58.0万 km²，降水总量达1700亿 m³；强降水区域集中在两湖地区，湖南、江西累积面降水量分别为314 mm、250 mm，分列1961年有完整资料以来同期第1、第2位，其中湖南累积降水量多达常年6月降水量（214 mm）的1.5倍；暴雨强度大，长沙市、湘潭市累积面降水量分别为518 mm、457 mm，较历史同期均偏多5倍以上。累积最大点降水量湖南长沙寒坡坳734 mm，江西九江上庄684 mm，见图3.3（a）。

受强降水影响，湖南、江西、广西、福建、浙江、安徽等13省（自治区、直辖市）210条河流发生超警以上洪水，其中39条河流超保，14条河流超历史。长江洞庭湖水系

湘江发生流域性特大洪水，资水、沅江发生大洪水，鄱阳湖水系乐安河上游发生超历史最高水位的特大洪水，昌江、乐安河中下游、修水发生 10 年一遇的较大洪水。

受两湖水系来水及区间降水影响，长江干流及两湖出口控制站水位持续快速上涨，7月 1 日长江发生 2017 年第 1 号洪水，3 日莲花塘以下长江中下游干流主要站全线超警。

广西柳江、桂江等河流发生超警以上洪水，其中桂江中游阳朔江段发生超历史洪水，蒙江、古宜河及洛清江均发生建站以来第二大洪水。受干支流来水影响，7 月 2 日西江发生 2017 年第 1 号洪水，干流武宣至梧州河段全线超警，见图 3.3（b）。

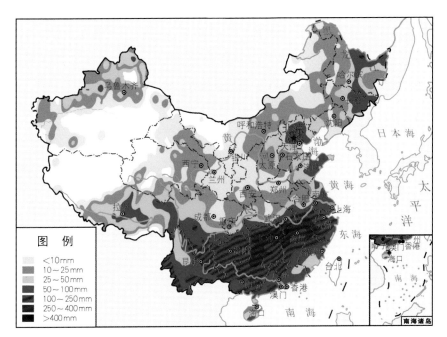

（a）降水分布图

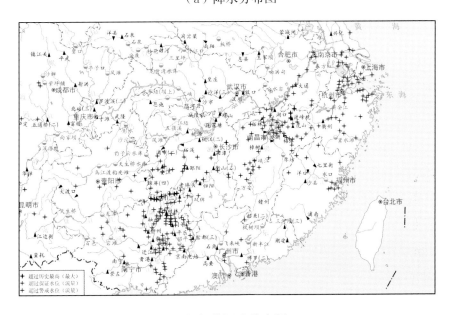

（b）超警河流分布图

图 3.3　2017 年 6 月 22 日至 7 月 2 日降水、超警河流分布图

3.2.4 7月8—17日南方出现两次强降水，淮河、西江相继发生编号洪水

7月8—11日，西南东南部、华南中西部、江南西北部、江淮、黄淮东南部及湖北东部出现强降水过程，大于100 mm、50 mm的暴雨笼罩面积分别为11.4万km²、58.4万km²；过程最大点降水量广西防城港城南村482 mm、河南信阳曾寨292 mm、贵州黔东南平洞292 mm。

7月14—17日，西北东南部、西南东北部、黄淮、华北中南部等地出现强降水过程，大于100 mm、50 mm的暴雨笼罩面积分别为4.0万km²、28.3万km²；过程最大点降水量山东临沂刘家道口266 mm、江苏连云港黄洼254 mm、湖北宜昌湾潭214 mm。

受强降水影响，广西、湖南、江西、湖北、安徽、河南等11个省（自治区）有75条河流发生超警以上洪水，其中6条超保。淮河上游干流控制站王家坝水文站7月11日水位超警，为淮河2017年第1号洪水；淮河上游支流潢河、白鹭河及江苏里下河地区射阳河发生超警洪水。西江黔江河段武宣水文站7月13日超警，为西江2017年第2号洪水，西江梧州水文站7月14日超警；广西柳江发生超警洪水。

3.2.5 7月中旬东北接连出现强降水，松花江发生两次编号洪水

7月13日和19—20日松花江流域连续出现两次强降水过程，其中19—20日为东北地区2017年最强降水过程，强降水主要集中在吉林中部东部、黑龙江东南部等地，大于100 mm、50 mm的暴雨笼罩面积分别为4.0万km²、16.9万km²，过程最大点降水量吉林省吉林市白家409 mm、黑龙江哈尔滨高合屯246 mm，见图3.4（a）。

受强降水影响，吉林、黑龙江两省有24条河流发生超警以上洪水，其中13条超保，3条超历史。吉林第二松花江丰满水库7月14日和21日分别出现入库洪峰流量9590 m³/s和10400 m³/s，依次为松花江2017年第1号和第2号洪水，干流吉林江段两次超警；支流温德河水位3次超保，最高水位和最大流量均超历史纪录，见图3.4（b）。

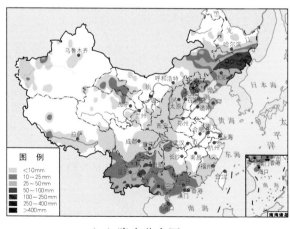

（a）降水分布图

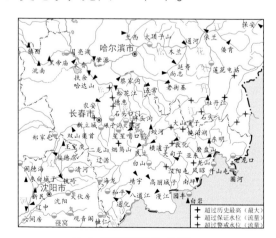

（b）超警河流分布图

图3.4 2017年7月19—20日降水、超警河流分布图

3.2.6　7月25—28日北方局地出现大到暴雨，黄河发生2017年第1号洪水

7月25—28日，西北东部、华北西部南部、黄淮北部等地出现强降水过程，大于100 mm、50 mm的暴雨笼罩面积分别为5.1万 km²、23.2万 km²；过程最大点降水量陕西榆林李家坬272 mm、山西吕梁龙门垣243 mm、山东蓬莱葫芦山217 mm。

受强降水影响，陕西榆林黄河右岸无定河及支流大理河发生超历史实测流量的洪水，黄河中游干流龙门水文站27日出现6010 m³/s的洪峰流量，超过警戒流量（5000 m³/s），为黄河2017年第1号洪水。

3.2.7　台风"纳沙""海棠"给东部多省份带来强降水，福建、吉林等地多条中小河流超警

7月29日至8月3日，受第9号台风"纳沙"、第10号台风"海棠"登陆后环流合并北上与东移高空槽共同影响，华南大部、江南中部东部、江淮西部、黄淮、华北东部南部、东北等地出现一次强降水过程，大于250 mm、100 mm、50 mm的暴雨笼罩面积分别为1.2万 km²、34.8万 km²、124.9万 km²；过程最大点降水量福建福州建新水库542 mm、浙江温州九峰村482 mm、辽宁鞍山马家堡子444 mm、河南信阳钓鱼台408 mm、黑龙江绥化任民镇385 mm。

受强降水影响，福建交溪、江西赣江上游濂水、辽宁大凌河支流牤牛河、吉林第二松花江支流温德河、内蒙古辽河支流查干木伦河等12条中小河流发生超警洪水，辽宁大洋河发生10年一遇的较大洪水。

3.2.8　8月11—15日华南西南出现强降水，西江发生2017年第3号洪水

8月11—15日，西南东南部、华南西北部、江南北部西部、江淮西南部等地出现强降水过程，大于250 mm、100 mm、50 mm的暴雨笼罩面积分别为1.3万 km²、28.1万 km²、68.2万 km²；过程最大点降水量广西柳州中寨662 mm、湖北咸宁金沙421 mm、江西九江官坑416 mm、湖南益阳永兴391 mm。

受强降水影响，西江支流柳江、洛清江、桂江等25条河流发生超警洪水，其中桂江桂林江段24h内发生2次超保洪水。受干支流来水影响，西江发生了2017年第3号洪水，干流武宣至梧州江段水位超警。

3.2.9　台风"天鸽""帕卡"接连登陆广东，华南西南出现强降水，珠三角部分站潮位超历史

8月22—25日，受第13号台风"天鸽"影响，华南大部、西南东部南部出现强降水过程，大于100 mm、50 mm的暴雨笼罩面积分别为14.3万 km²、65.6万 km²；过程最大点降水量广东茂名大田顶432 mm、广西钦州南间368 mm、四川乐山黄茅岗312 mm，见图3.5（a）。

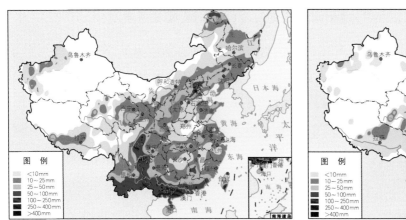
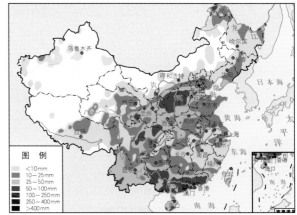

（a）8月22—25日降水分布图   （b）8月26—29日降水分布图

图 3.5　2017年8月22—29日降水分布图

8月26—29日，受第14号台风"帕卡"影响，华南大部、西南东部南部再次出现强降水。大于 100 mm、50 mm 的暴雨笼罩面积分别为 3.9 万 km²、28.4 万 km²；过程最大点降水量广东惠州背龙尾路 417 mm、广西防城港防城 342 mm，见图 3.5（b）。

受强降水影响，广东、广西、云南、四川等地有 34 条中小河流发生超警洪水，其中四川横江以及云南泸江、白水江、关河、清水江、董金河等 6 条中小河流发生超保洪水，广东珠江三角洲河口洪奇沥水道冯马庙站水位超历史；广东东部沿海及珠江三角洲河口区有 16 个潮位站超警，其中南沙、横门、泗盛围、赤湾、中大、白蕉等 6 站最高潮位超历史，见图 3.6。

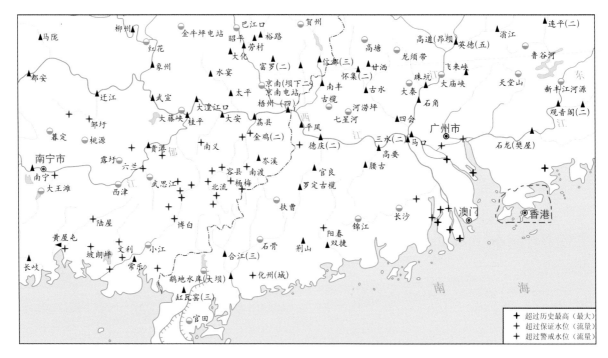

图 3.6　2017年8月22—29日超警河流分布图

3.2.10 9月23—27日黄淮、江淮等地出现强降水，江苏大运河无锡段发生超历史洪水

9月23—27日，西北东南部、西南东北部、黄淮、江淮、江南东北部等地出现强降水过程，大于100 mm、50 mm的暴雨笼罩面积分别为16.3万 km²、48.4万 km²；过程最大点降水量重庆巫溪红池坝364 mm、江苏苏州太仓293 mm、上海宝山273 mm。

受强降水影响，江苏境内滁河六合段、通扬运河、大运河，浙江甬江支流姚江，陕西汉江上游支流坝河，重庆长江上游支流汤溪河等38条河流发生超警以上的洪水，其中13条河流发生超保洪水，江苏大运河无锡段超历史最高水位。

3.3 汛后

3.3.1 10月上旬华西等地出现持续强降水，长江上游、汉江出现明显洪水过程，淮河上游二度超警

9月30日至10月4日，西北东南部、西南东部、江淮、黄淮、华北西南部等地出现强降水过程，大于100 mm、50 mm的暴雨笼罩面积分别为12.7万 km²、58.9万 km²；过程最大点降水量重庆开州龙安341 mm、四川广安四新村250 mm、湖北恩施见天坝240 mm，见图3.7（a）。

10月8—11日，西北东部、西南东部、江淮、黄淮、华北、东北南部等地再次出现强降水过程，大于100 mm、50 mm的暴雨笼罩面积分别为0.4万 km²、40.8万 km²；过程最大点降水量四川巴中桃园193 mm、陕西汉中西河186 mm、山西吕梁曹家坡168 mm，见图3.7(b)。

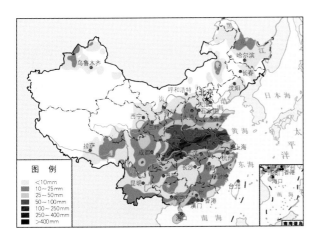
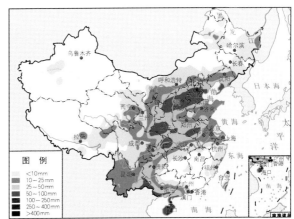

（a）9月30日至10月4日降水分布图　　　　（b）10月8—11日降水分布图

图3.7　2017年9月30日至10月11日两次降水过程分布图

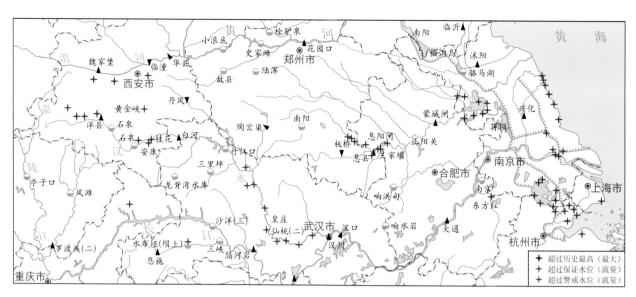

图 3.8　2017 年 9 月 30 日至 10 月 11 日超警河流分布图

受强降水影响，汉江丹江口水库出现 17300 m³/s 的入库洪峰，中下游干流宜城至沙洋江段及支流清河、蛮河等发生超警洪水；淮河上游干流王家坝水文站水位于 10 月 7 日和 14 日两度超警，为淮河 2017 年第 2 号和第 3 号洪水，支流洪汝河发生超警洪水；江苏洪泽湖及里下河地区共有 13 站水位超警。详见图 3.8。

3.3.2　台风"卡努"给江南华南带来强降水，浙江部分中小河流发生超保洪水

10 月 14—16 日，受第 20 号台风"卡努"登陆影响，华南、江南等地出现强降水过程，大于 100 mm、50 mm 的暴雨笼罩面积分别为 1.6 万 km²、14.7 万 km²；过程最大点降水量浙江象山大目涂 414 mm、广东惠州布心 300 mm。

受强降水影响，浙江甬江支流姚江、慈江、古林河及独流入海河流四丈河等 13 条中小河流发生超警洪水，其中 4 条河流发生超保洪水。

第 4 章 各流域（片）洪水分述

4.1 长江流域

2017 年，长江发生中游型区域性大洪水，中下游干流莲花塘以下江段及洞庭湖、鄱阳湖水位全面超警，主要站洪峰水位列有实测记录以来第 5 ~ 17 位，超警历时 6 ~ 17 天；湖南、江西、湖北、安徽、四川等 10 个省（直辖市）共有 165 条河流超警，42 条河流超保，10 条河流超历史，长江 2017 年第 1 号洪水主要控制站洪峰特征值见表 4.1。9—10 月，长江上游和汉江出现多次洪水过程，秋汛特征明显。

4.1.1 长江中下游干流莲花塘以下江段全面超警，为长江 2017 年第 1 号洪水

长江中游干流莲花塘水位站（湖南岳阳）7 月 1 日水位超警，4 日洪峰水位 34.13 m，超过警戒水位（32.50 m）1.63 m，12 日退至警戒水位以下，超警历时 12 天；中游控制站汉口水文站（湖北武汉）7 月 3 日水位超警，5 日洪峰水位 27.73 m，超过警戒水位（27.30 m）0.43 m，8 日退至警戒水位以下，超警历时 6 天；下游控制站大通水文站（安徽贵池）7 月 5 日水位超警，7 日洪峰水位 14.91 m，超过警戒水位（14.40 m）0.51 m，相应流量 70900 m³/s，14 日退至警戒水位以下，超警历时 10 天。详见图 4.1。

4.1.2 湖南湘江、资水、沅江同时发生流域性大洪水，洞庭湖水位超保

湘江下游控制站湘潭水文站（湖南湘潭）7 月 3 日 4 时洪峰水位 41.24 m，超过保证水位（39.50 m）1.74 m，4 日 6 时洪峰流量 19900 m³/s，水位、流量均列 1953 年有实测资料以来第 3 位（历史最高水位 41.95 m，历史最大流量 20800 m³/s，1994 年 6 月），洪水重现期接近 20 年，见图 4.2。

资水中游柘溪水库（湖南益阳）7 月 1 日 12 时最大入库流量 15800 m³/s，列 1962 年建库以来第 3 位（历史最大入库流量 20400 m³/s，2016 年 7 月），2 日 15 时最大出库流量 8500 m³/s，见图 4.3；下游控制站桃江水文站（湖南益阳）7 月 1 日 10 时 30 分洪峰水位 44.13 m，超过保证水位（42.30 m）1.83 m，相应流量 10900 m³/s，水位、流量分别列 1951 年有实测资料以来第 2 位和第 5 位（2008 年测站改迁，历史最高水位 44.44 m 转换为 44.15 m，1996 年 7 月；历史最大流量 15300 m³/s，1955 年 8 月），洪水重现期 30 年。

沅江下游五强溪水库（湖南怀化）7 月 1 日 5 时最大入库流量 32400 m³/s，列 1995 年建库以来第 6 位（历史最大入库流量 40000 m³/s，1996 年 7 月），2 日 0 时最大出库流量 22500 m³/s，见图 4.4；下游控制站桃源水文站（湖南常德）2 日 19 时 44 分洪峰水位 45.43 m，超过保证水位（45.40 m）0.03 m，相应流量 22200 m³/s，水位、流量分别列 1952 年有实测

表 4.1　长江 2017 年第 1 号洪水（"2017·07"洪水）主要控制站洪峰特征值表

区域	河名	站名	"2017·07"洪水 洪峰水位 数值/m	洪峰水位 出现日期	洪峰流量 数值/(m³/s)	洪峰流量 出现日期	超警历时/d	水位(流量)历史排位	警戒水位/m	保证水位/m	历史最高水位 数值/m	历史最高水位 出现时间	历史最大流量 数值/(m³/s)	历史最大流量 出现时间
长江干流	中游	连花塘	34.13	7月4日	—	—	12	6	32.50	34.40	35.80	1998年8月	—	—
		螺山	33.23	7月4日	60100	7月4日	8	6(7)	32.00	34.01	34.95	1998年8月	78800	1954年8月
		汉口	27.73	7月5日	59500	7月4日	6	11(13)	27.30	29.73	29.73	1954年8月	76100	1954年8月
		九江	21.23	7月6日	58900	7月5日	16	9(8)	20.00	23.25	23.03	1998年8月	750000	1996年7月
		安庆	17.03	7月6日	—	—	9	11	16.70	19.34	18.74	1954年8月	58700	1952年9月
	下游	大通	14.91	7月7日	70900	7月7日	10	10(8)	14.40	17.10	16.64	1954年8月	92600	1954年8月
		南京	9.13	7月11日	—	—	14	17	8.50	—	10.22	1954年8月	—	1931年7月
洞庭湖水系	洞庭湖	城陵矶	34.63	7月4日	49400	7月4日	13	5	32.50	34.55	35.94	1998年8月	57900	1931年7月
	沅水	五强溪水库	107.85	7月2日	32400	7月2日	—	(6)	108.00①	—	—	—	—	—
		桃源	45.43	7月2日	22000	7月2日	4	7(13)	42.50	45.40	47.37	2014年7月	29100	1996年7月
	资水	柘溪水库	169.84	7月3日	15800	7月1日	—	(3)	169.00①	—	—	—	—	—
		桃江	44.13	7月1日	11100	7月1日	6	2(5)	39.20	42.30	44.15	1996年7月	15300	1955年8月
	湘江	湘潭	41.24	7月3日	19900	7月4日	8	3(3)	38.00	39.50	41.95	1994年6月	20800	1994年6月
		长沙	39.51	7月3日	—	—	9	1	36.00	38.37	39.18	1998年6月	14700	1954年8月
鄱阳湖水系	鄱阳湖	湖口	20.86	7月6日	15400	7月6日	17	9(28)	19.50	22.50	22.59	1998年7月	31900	1998年6月
	修河	柘林水库	66.63	7月3日	9630	7月1日	7	(4)	65.00①	—	67.97	1998年7月	12200	1998年6月
		修水	22.80	7月2日	4830	6月25日	18	6(2)	20.00	—	23.48	1998年7月	4450	2005年9月
	昌江	渡峰坑	32.72	6月24日	6460	6月25日	2	7(5)	28.50	—	34.27	1998年6月	8600	1998年6月
	乐安河	婺源	64.54	6月24日	4830	6月24日	2	1(1)	58.00	—	60.77	1959年4月	3340	1996年7月
		虎山	30.00	6月25日	7200	6月25日	3	6(6)	26.00	—	31.18	2011年6月	10100	1967年6月
	信江	梅港	27.30	6月26日	8010	6月26日	2	28(21)	26.00	—	29.84	1998年6月	13800	2010年6月
	赣江	吉安	50.73	6月29日	8970	6月29日	1	31(38)	50.50	—	54.05	1962年6月	18800	1968年6月

① 该值为水库汛限水位。

资料以来第 7 位和第 13 位（历史最高水位 47.37 m，2014 年 7 月；历史最大流量 29100 m³/s，1996 年 7 月），洪水重现期 20 年。

此次洪水过程，洞庭湖水系湘江、资水、沅江、澧水及湖区支流 7 月 2 日 3 时实测合成最大入湖流量 67300 m³/s。洞庭湖城陵矶水文站（湖南岳阳）7 月 1 日水位超警，4 日 14 时 20 分洪峰水位 34.63 m，超过保证水位（34.55 m）0.08 m，超保历时 2 天，相应流量 49400 m³/s，13 日退至警戒水位以下，超警历时 13 天。

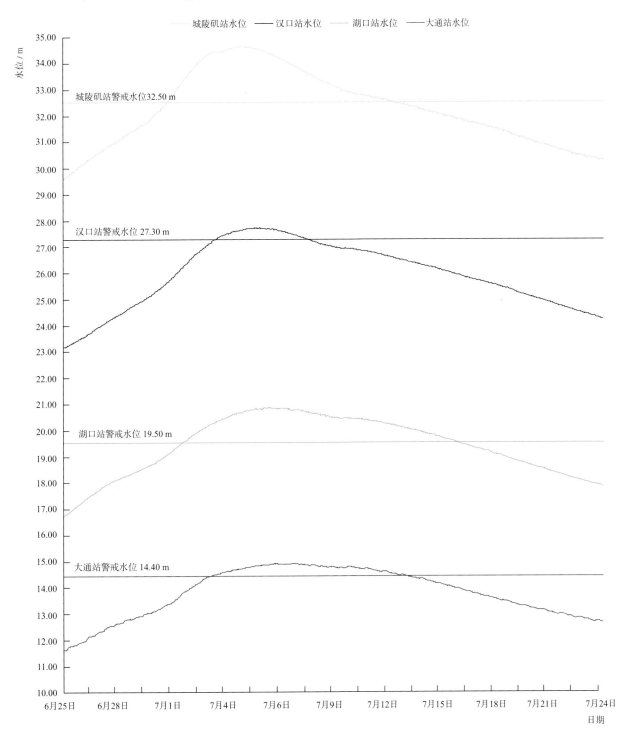

图 4.1　长江中下游干流及两湖主要控制站水位过程线

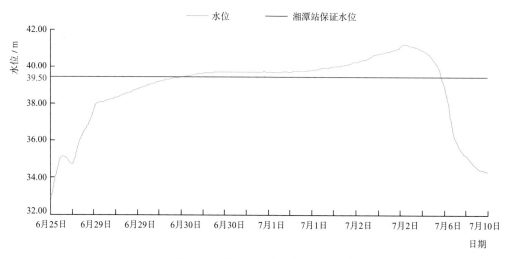

图 4.2　湘江湘潭水文站水位过程线

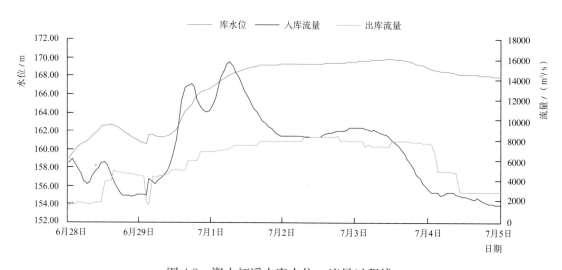

图 4.3　资水柘溪水库水位 – 流量过程线

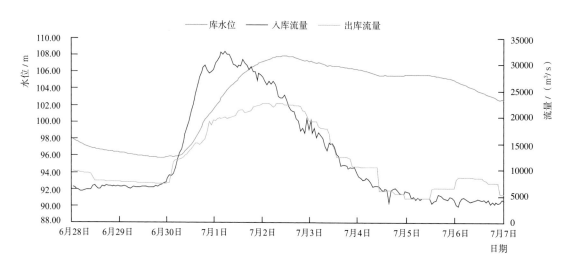

图 4.4　沅江五强溪水库水位 – 流量过程线

4.1.3 江西乐安河上游发生超历史特大洪水，昌江、修水、信江、赣江发生超警以上洪水，鄱阳湖水位超警

乐安河上游婺源水文站（江西上饶）6 月 24 日 16 时 24 分洪峰水位 64.54 m，超过警戒水位（58.00 m）6.54 m，相应流量 5020 m³/s，水位、流量均列 1958 年有实测资料以来第 1 位（历史最高水位 60.53 m，2010 年 5 月；历史最大流量 3340 m³/s，1996 年 7 月），洪水重现期超过 100 年，见图 4.5；下游控制站虎山水文站（江西乐平）25 日 16 时洪峰水位 30.00 m，超过警戒水位（26.00 m）4.00 m，相应流量 7200 m³/s，水位列 1953 年有实测资料以来第 5 位（历史最高水位 31.18 m，2011 年 6 月），洪水重现期 10 年，见图 4.6。

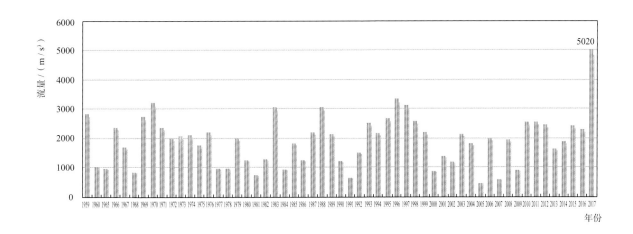

图 4.5 乐安河婺源水文站历年最大流量柱状图

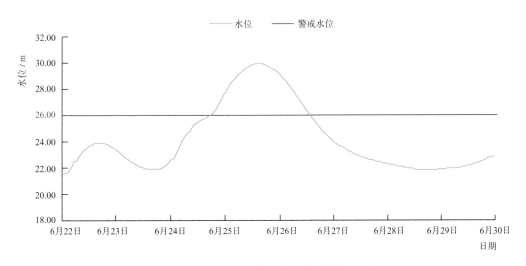

图 4.6 乐安河虎山水文站水位过程线

昌江上游潭口水文站（江西浮梁）6 月 24 日 17 时 30 分洪峰水位 60.93 m，超过警戒水位（55.00 m）5.93 m，相应流量 3650 m³/s；下游控制站渡峰坑水文站（江西景德镇）24 日 23 时洪峰水位 32.72 m，超过警戒水位（28.60 m）4.12 m，相应流量 6310 m³/s，洪水重现期 10 年，见图 4.7。

修水中游柘林水库（江西永修）7 月 1 日 23 时最大入库流量 9630 m³/s，列 1971 年建库以来第 3 位（历史最大入库流量 12200 m³/s，1998 年 7 月），2 日 23 时最大出库流量 4510 m³/s，3 日 1 时出现本次过程最高库水位 66.63 m，列 1971 年建库以来第 3 位（历史最高库水位 67.97 m，1998 年 7 月），洪水重现期约 20 年，见图 4.8；下游控制站永修水位站（江西永修）2 日 14 时 50 分洪峰水位 22.80 m，超过警戒水位（20.00 m）2.80 m，水位列 1929 年有实测资料以来第 6 位（历史最高水位 23.48 m，1998 年 7 月），洪水重现期 10 年，见图 4.9。

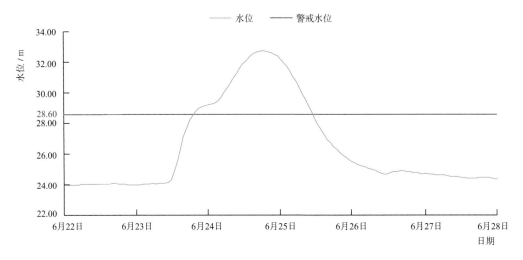

图 4.7　昌江渡峰坑水文站水位过程线

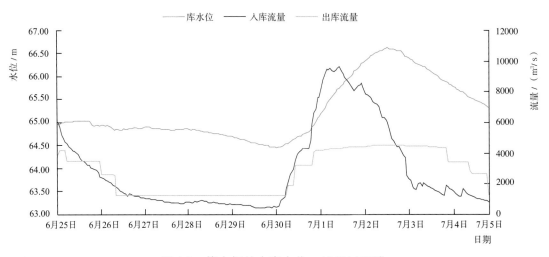

图 4.8　修水柘林水库水位 – 流量过程线

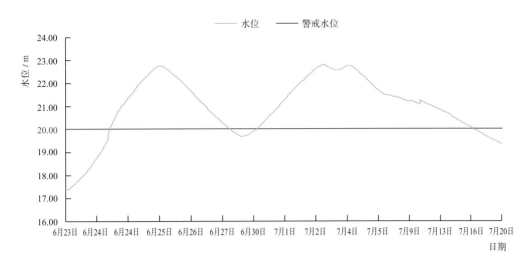

图 4.9　修水永修水位站水位过程线

信江中游弋阳水文站（江西弋阳）6 月 26 日 1 时 39 分洪峰水位 46.07 m，超过警戒水位（44.00 m）2.07 m，相应流量 7580 m³/s；下游控制站梅港水文站（江西余干）26 日 18 时洪峰水位 27.30 m，超过警戒水位（26.00 m）1.30 m，相应流量 8010 m³/s，见图 4.10。

赣江中游吉安水文站（江西吉安）6 月 29 日 12 时洪峰水位 50.73 m，超过警戒水位（50.50 m）0.23 m，相应流量 8970 m³/s，见图 4.11；下游控制站外洲水文站（江西南昌）30 日 19 时洪峰水位 22.56 m，低于警戒水位（23.50 m），相应流量 15000 m³/s。

鄱阳湖湖口水文站（江西湖口）7 月 1 日水位超警，6 日 11 时洪峰水位 20.86 m，超过警戒水位（19.50 m）1.36 m，相应流量 15400 m³/s，17 日退至警戒水位以下，超警历时 17 天。

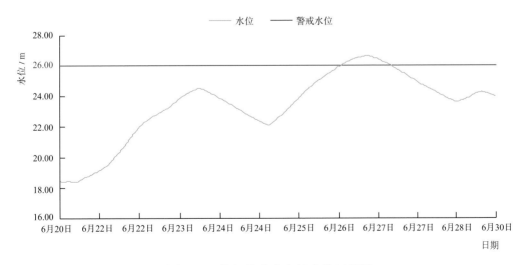

图 4.10　信江梅港水文站水位过程线

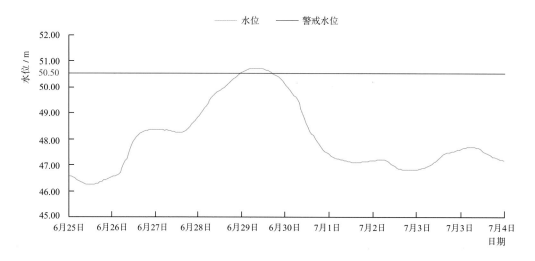

图 4.11　赣江吉安水文站水位过程线

4.1.4　四川大渡河上游发生超历史洪水，青衣江发生超警洪水

大渡河上游支流梭磨河马尔康水文站（四川阿坝州，集水面积 2546km²）6 月 14 日 15 时 16 分洪峰水位 2580.32 m，超过保证水位（2580.25 m）0.07 m，相应流量 496 m³/s，流量列 1960 年有实测资料以来第 1 位（历史最大流量 480 m³/s，1992 年 6 月），重现期接近 50 年；另一支流小金川小金水文站（四川阿坝州，集水面积 4265km²）15 日 7 时 21 分洪峰水位 2300.74 m，超过保证水位（2300.13 m）0.61 m，相应流量 700 m³/s，流量列 1959 年有实测资料以来第 1 位（历史最大流量 569 m³/s，2014 年 6 月），重现期超过 100 年。

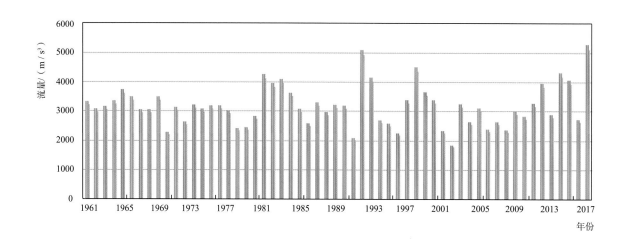

图 4.12　大渡河丹巴水文站历年最大流量柱状图

大渡河上游干流丹巴水文站（四川甘孜）6月15日15时25分洪峰水位2286.39 m，超过保证水位（2284.46 m）1.93 m，相应流量5270 m³/s，流量、水位分别列1961年有实测资料以来第1、第2位（历史最大流量5100 m³/s，历史最高水位2286.75 m，1992年6月），见图4.12；下游干流控制站峨边水文站（四川乐山）16日8时洪峰水位536.59 m，超过警戒水位（536.00 m）0.59 m，相应流量5970 m³/s。

青衣江干流控制站夹江水文站（四川乐山）8月8日5时洪峰水位412.12 m，超过警戒水位（412.00 m）0.12 m，相应流量8290 m³/s。

4.1.5 长江上游及汉江发生明显秋汛

9—10月，长江上游三峡水库发生4次超过30000m³/s的入库洪水过程；汉江上游丹江口水库发生8次洪水过程，4次入库洪峰流量超过10000m³/s，中下游干流宜城至汉川江段超警。

长江三峡水库（湖北宜昌）9月10日8时最大入库流量38000 m³/s，为2017年最大入库流量，相应出库流量17100 m³/s，见图4.13。

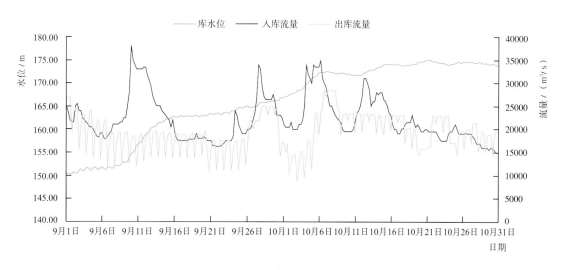

图4.13 长江三峡水库水位－流量过程线

汉江上游干流安康水库（陕西安康）9月27日20时最大入库流量9240 m³/s，相应出库流量5980 m³/s；丹江口水库（湖北十堰）10月12日18时最大入库流量18600 m³/s，为2011年以来最大入库，相应出库流量7550 m³/s；10月29日2时库水位涨至167.00 m，为建库以来（2013年完成大坝加高）最高水位，见图4.14。中游皇庄水文站（湖北钟祥）10月6日21时洪峰水位48.62 m，超过警戒水位（48.00 m）0.62 m，最大流量14100 m³/s；下游汉川水位站（湖北汉川）9日6时洪峰水位29.95 m，超过警戒水位（29.00m）0.95 m。

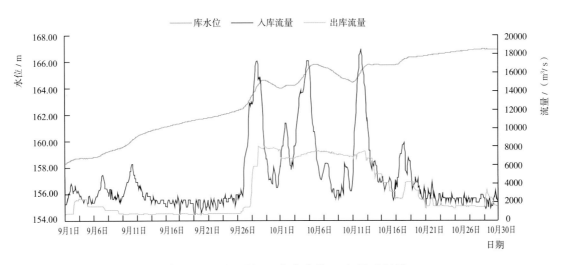

图 4.14 汉江丹江口水库水位 – 流量过程线

4.2 黄河流域

7月下旬，黄河中游发生超警戒流量洪水，山陕区间右岸无定河及其支流大理河发生超历史洪水。

陕西榆林境内无定河支流大理河绥德水文站（榆林绥德，集水面积 3893 km²）7月26日5时5分洪峰流量 3160 m³/s，超过保证流量（1350 m³/s）1810 m³/s，列1960年有实测资料以来第1位（历史最大流量 2450 m³/s，1977年8月），见图 4.15；无定河干流控制站白家川水文站（榆林清涧，集水面积 29662 km²）26日10时12分洪峰流量 4500 m³/s，超过警戒流量（3000 m³/s），列1975年有实测资料以来第1位（历史最大流量 3820 m³/s，1977年8月），见图 4.16。

受干支流来水影响，黄河中游干流龙门水文站（陕西韩城）7月27日1时6分洪峰流量 6010 m³/s，超过警戒流量（5000 m³/s），为黄河 2017 年第 1 号洪水，见图 4.17。

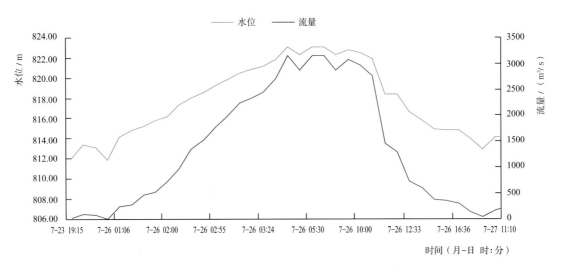

图 4.15 大理河绥德水文站水位 – 流量过程线

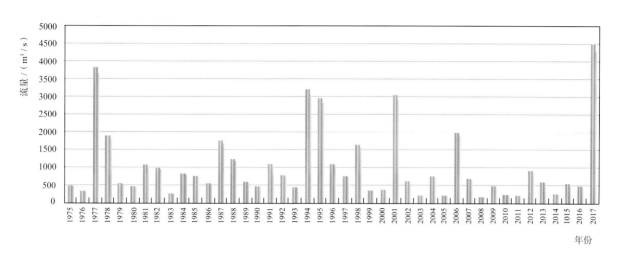

图 4.16　无定河白家川水文站历年最大流量柱状图

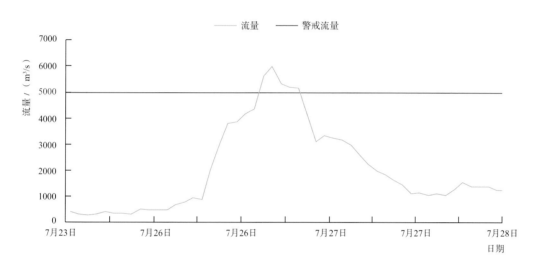

图 4.17　黄河中游干流龙门水文站流量过程线

4.3　淮河流域

　　2017 年，淮河发生 3 次编号洪水，干流王家坝水文站 10 月出现 2010 年以来最高水位 28.31 m，列 1952 年有实测记录以来同期（10 月）首位（历年 10 月最高水位 27.86 m，1983 年）；淮南支流潢河、白鹭河和淮北支流洪汝河发生超警洪水，江苏里下河地区部分站点水位超警。

　　淮河上游干流控制站王家坝水文站（安徽阜南）7 月 11 日 16 时 6 分洪峰水位 27.54 m，超过警戒水位（27.50 m）0.04 m，为淮河 2017 年第 1 号洪水，相应流量 3050 m³/s；10 月 7 日 13 时 6 分洪峰水位 28.31 m，超过警戒水位 0.81 m，为淮河 2017 年第 2 号洪水，相应流量 4370 m³/s；10 月 14 日 14 时 42 分出现洪峰水位 27.92 m，超过警戒水位 0.42 m，为淮河 2017 年第 3 号洪水，相应流量 3460 m³/s。详见图 4.18。

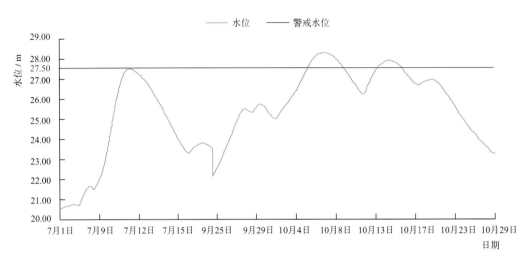

图 4.18 淮河王家坝水文站水位过程线

淮河上游南岸支流潢河潢川水文站（河南信阳，集水面积 2050 km²）7 月 10 日 9 时洪峰水位 38.61 m，超过警戒水位（37.80 m）0.81 m，相应流量 1480 m³/s；淮北支流洪汝河班台水文站（河南驻马店）10 月 6 日 15 时洪峰水位 34.35 m，超过警戒水位（33.50 m）0.85 m，相应流量 1500 m³/s。10 月上旬，江苏里下河地区串场河、西塘河、射阳河等 3 条河流水位超警 0.06 ~ 0.38 m。

4.4 海河流域

滦河、漳卫河水系部分支流出现明显涨水过程，北三河、永定河水系部分闸坝出现较大泄流。滦河水系㵘河汉儿庄水文站（河北唐山，集水面积 1091 km²）8 月 3 日 10 时 54 分洪峰流量 1490 m³/s；闸坝最大泄流为北三河水系潮白新河宁车沽闸（天津滨海新区）8 月 13 日 8 时下泄流量 1070 m³/s。

滦河潘家口水库（河北唐山）8 月 3 日 7 时最大入库流量 1950 m³/s，列 1980 年有实测资料以来第 7 位（历史最大入库流量 9870 m³/s，1994 年 7 月）；大黑汀水库（河北唐山）8 月 3 日 9 时 30 分最大入库流量 2060 m³/s，列 1979 年有实测资料以来第 3 位（历史最大入库流量 2580 m³/s，1979 年 8 月），见图 4.19。

4.5 珠江流域

6 月下旬至 7 月中旬，西江发生 2 次编号洪水，其中第 1 号洪水为 2008 年以来最大，重现期约 10 年；珠江流域内共计 95 条河流发生超警以上的洪水，柳江上游古宜河发生

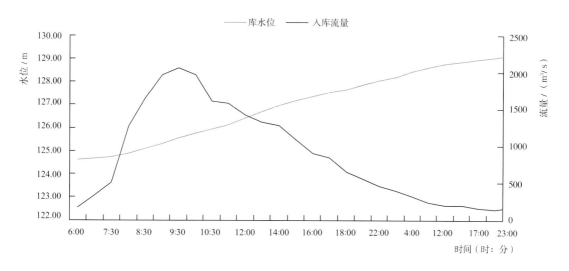

图 4.19　滦河大黑汀水库 8 月 3—4 日水位－流量过程线

1974 年建站以来第二大洪水，柳江下游支流洛清江发生 1954 年建站以来第二大洪水，桂江中游阳朔江段和浔江支流蒙江发生 50 年一遇的特大洪水。

8 月中旬，西江发生 2017 年第 3 号洪水；流域内有 31 条河流发生超警以上的洪水，其中柳江中游融江发生 10 年一遇洪水，柳江干流发生超警洪水，桂江上游发生超保洪水。8 月下旬，受台风"天鸽"影响，珠江三角洲地区部分潮位站出现超历史实测的最高潮位。

4.5.1　西江 7 月出现 2 次编号洪水，8 月出现 1 次编号洪水

西江干流武宣水文站（广西来宾）7 月 4 日 3 时洪峰水位 58.80 m，超过警戒水位（55.70 m）3.10 m，相应流量 30700 m³/s；梧州水文站（广西梧州）4 日 18 时 20 分洪峰水位 23.10 m，超过警戒水位（18.50 m）4.60 m，相应流量 38300 m³/s。此为西江 2017 年第 1 号洪水。详见图 4.20 和图 4.21。

武宣水文站 7 月 13 日 14 时洪峰水位 56.15 m，超过警戒水位 0.45 m，相应流量 26200 m³/s；梧州水文站 14 日 22 时洪峰水位 18.94 m，超过警戒水位 0.44 m，相应流量 29200 m³/s。此为西江 2017 年第 2 号洪水。

武宣水文站 8 月 16 日 20 时洪峰水位 57.28 m，超过警戒水位 1.58 m，相应流量 28100 m³/s；梧州水文站 18 日 0 时洪峰水位 18.57 m，超过警戒水位 0.07 m，相应流量 28200 m³/s。此为西江 2017 年第 3 号洪水。

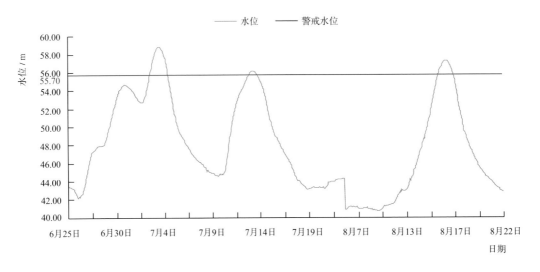

图 4.20　西江武宣水文站水位过程线

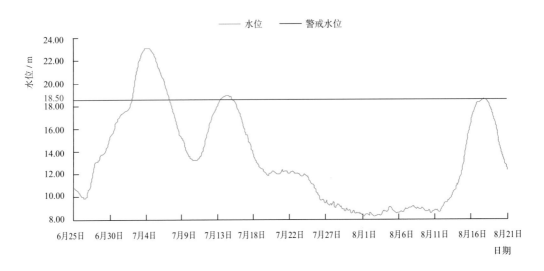

图 4.21　西江梧州水文站水位过程线

4.5.2　柳江发生 2 次超警洪水，部分支流发生大洪水

柳江上游支流古宜河古宜水文站（广西柳州）7 月 1 日 22 时 55 分洪峰水位 156.65 m，超过警戒水位（152.60 m）4.05 m，相应流量 7410 m³/s，洪水重现期超过 20 年，水位、流量均列 1974 年有实测资料以来第 2 位（历史最高水位 157.62 m，历史最大流量 8800 m³/s，1996 年 7 月）；下游干流柳州水文站（广西柳州）3 日 4 时 50 分洪峰水位 85.56 m，超过警戒水位（82.50 m）3.06 m，相应流量 20600 m³/s，洪水重现期约 5 年；下游支流洛清江对亭水文站（广西柳州）3 日 7 时 20 分洪峰水位 87.05 m，超过警戒水位（81.70 m）5.35 m，

相应流量 9420 m³/s，洪水重现期接近 20 年，水位、流量均列 1954 年有实测资料以来第 2 位（历史最高水位 88.52 m，历史最大流量 9900 m³/s，2008 年 6 月）。详见图 4.22 和图 4.23。

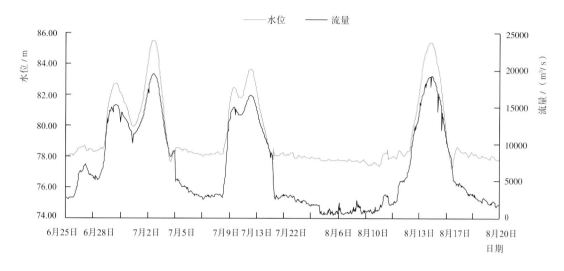

图 4.22 柳江柳州水文站水位－流量过程线

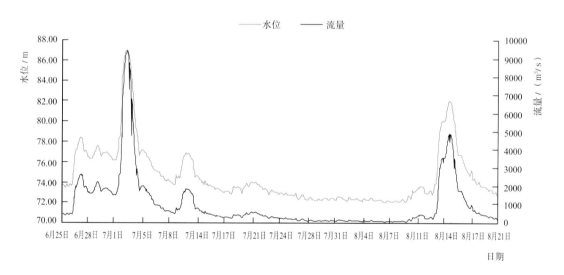

图 4.23 洛清江对亭水文站水位－流量过程线

柳江上游融江融水水文站（广西柳州）8 月 14 日 18 时 25 分洪峰水位 111.91 m，超过警戒水位（106.60 m）5.31 m，相应流量 15000 m³/s；下游干流柳州水文站 15 日 20 时 25 分洪峰水位 85.38 m，超过警戒水位 2.88 m，相应流量 19200 m³/s，洪水重现期约 5 年。

4.5.3 桂江中游发生超历史洪水

桂江中游干流阳朔水文站（广西桂林）7 月 2 日 21 时 45 分洪峰水位 113.58 m，超过警戒水位（109.50 m）4.08 m，相应流量 7340 m³/s，水位、流量均列 1967 年有实测资料以来第 1 位（历史最高水位 113.11 m，2008 年 6 月；历史最大流量 6330 m³/s，1974 年 7 月），
洪水重现期约 50 年，见图 4.24。

4.5.4 蒙江发生 50 年一遇大洪水

蒙江太平水文站（广西梧州，集水面积 3445 km²）7 月 3 日 4 时 20 分洪峰水位 42.19
m，超过警戒水位（37.20 m）4.99m，相应流量 7090 m³/s，水位、流量均列 1953 年建站以
来第 2 位（历史最高水位 43.78 m，历史最大流量 8220 m³/s，2005 年 6 月），洪水重现期
约 50 年，见图 4.25。

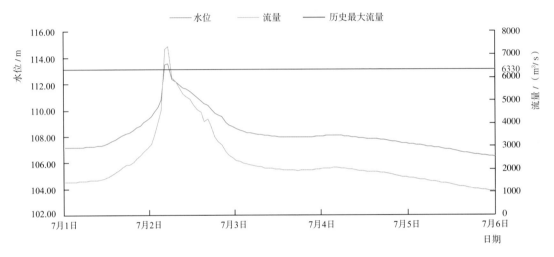

图 4.24 桂江阳朔水文站水位 – 流量过程线

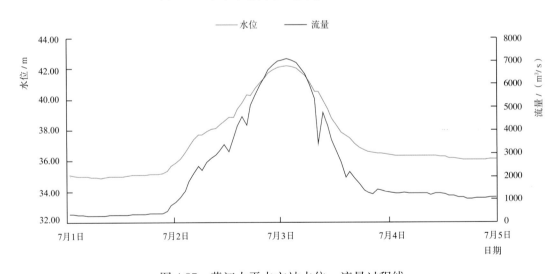

图 4.25 蒙江太平水文站水位 – 流量过程线

4.5.5 广东珠江三角洲部分潮位站最高潮位超历史

受天文大潮和第 13 号台风"天鸽"共同影响，广东珠江三角洲 8 月 23 日有 16 个潮
位站最高潮位超过警戒潮位，其中赤湾、横门、南沙、泗盛围、黄埔、中大等 6 个潮位站
最高潮位超历史最高潮位 0.04 ～ 0.53 m。

4.6 松辽流域

2017 年，流域内有 30 条河流发生超警以上的洪水，其中第二松花江支流漂河、饮马河支流双阳河、辉发河支流金沙河等 10 条河流发生超保洪水，第二松花江支流温德河、牡丹江支流沙河、拉林河支流大泥河等 4 条河流发生超历史洪水，温德河 9 天内发生 3 次超保洪水。

4.6.1 松花江 7 月发生 2 次编号洪水，第二松花江部分支流发生大洪水

第二松花江中游干流丰满水库（吉林省吉林市）7 月 14 日 5 时出现最大入库流量 9590 m³/s，为松花江 2017 年第 1 号洪水；21 日 2 时出现最大入库流量 10400 m³/s，为松花江 2017 年第 2 号洪水。详见图 4.26。

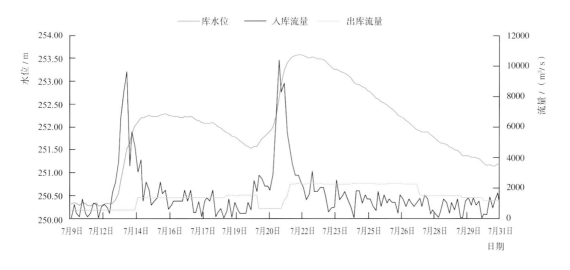

图 4.26　第二松花江丰满水库水位－流量过程线

温德河 7 月 14—21 日发生 3 次超保以上洪水，口前水文站（吉林永吉）7 月 14 日 0 时洪峰流量 3350 m³/s，相应水位 228.05 m，超过保证水位（224.20 m）3.85 m，流量列 1957 年有实测资料以来第 1 位（历史最大流量 3120 m³/s，2010 年 7 月）。详见图 2.13。

漂河横道子水文站（吉林蛟河，集水面积 532 km²）7 月 21 日 3 时 30 分洪峰水位 281.48 m，超过保证水位（280.61 m）0.87 m，相应流量 736 m³/s，水位、流量均列 1954 年有实测资料以来第 2 位（历史最高水位 281.55 m，历史最大流量 768 m³/s，2010 年 7 月）。

4.6.2 图们江部分支流发生超历史洪水

图们江支流布尔哈通河榆树川水文站（吉林安图，集水面积 1531 km²）7 月 21 日 10 时洪峰水位 287.26 m，超过保证水位（285.50 m）1.76 m，相应流量 1060 m³/s，水位、流量均列 1958 年有实测资料以来第 1 位（历史最高水位 285.88 m，历史最大流量 551 m³/s，

1960 年 8 月）；支流嘎呀河天桥岭水文站（吉林汪清，集水面积 1538 km² ）21 日 14 时洪峰水位 284.41 m，超过保证水位（283.06 m）1.35 m，相应流量 674 m³/s，水位、流量均列 1983 年有实测资料以来第 1 位（历史最高水位 282.91 m，2002 年 7 月；历史最大流量 433 m³/s，1989 年 9 月）；干流河东水文站（吉林图们）22 日 0 时洪峰水位 66.39 m，超过警戒水位（65.46 m）0.93 m，相应流量 5450 m³/s，见图 4.27。

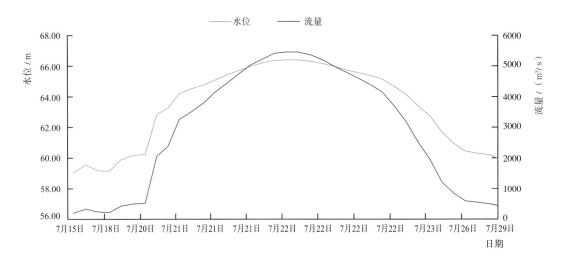

图 4.27　图们江河东水文站水位 – 流量过程线

4.6.3　牡丹江上游支流发生超历史洪水

牡丹江上游支流沙河东昌水文站（吉林敦化，集水面积 1352 km² ）7 月 23 日 1 时洪峰水位 523.05 m，超过保证水位（522.32 m）0.73 m，相应流量 442 m³/s，水位、流量均列 1981 年有实测资料以来第 1 位（历史最高水位 521.73 m，历史最大流量 194 m³/s，1989 年 7 月）；干流石头水文站（黑龙江宁安）24 日 1 时 30 分洪峰水位 96.74 m，超过警戒水位（96.10 m）0.64 m，相应流量 2490 m³/s，见图 4.28。

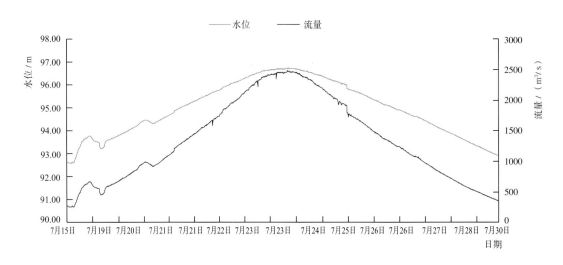

图 4.28　牡丹江石头水文站水位 – 流量过程线

4.6.4 辽宁大洋河发生较大洪水

大洋河沙里寨水文站（辽宁丹东，集水面积 4810 km²）8 月 4 日 16 时洪峰流量 6480 m³/s，18 时 10 分洪峰水位 101.51 m，洪水重现期接近 10 年，见图 4.29。

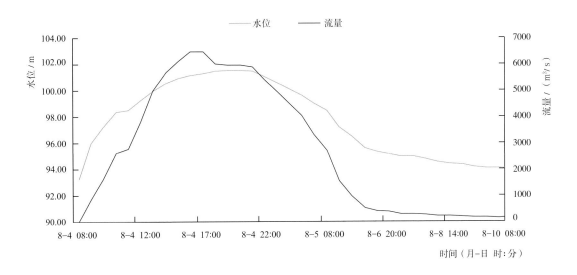

图 4.29　大洋河沙里寨水文站水位－流量过程线

4.7　太湖流域及东南诸河

4.7.1　太湖周边河网普遍超警，江苏大运河部分河段水位超历史

2017 年，太湖流域有 35 条河流共计 43 站水位超警，最大超警幅度 0.04 ～ 1.59 m，其中 14 条河流 20 站水位超保，最大超保幅度 0.02 ～ 1.09 m；太湖 10 月 4 日 3 时出现 2017 年最高水位 3.62 m，低于警戒水位（3.80 m）。

大运河无锡水位站（江苏无锡）9 月 25 日 19 时最高水位 5.31 m，超过保证水位（4.53 m）0.78 m，列 1923 年有实测资料以来第 1 位（历史最高水位 5.28 m，2016 年 7 月）；洛社水位站（江苏无锡）25 日 20 时最高水位 5.40 m，超过保证水位（4.85 m）0.55 m，列 1977 年有实测资料以来第 1 位（历史最高水位 5.37 m，2016 年 7 月）；青阳水位站（江苏无锡）25 日 20 时最高水位 5.42 m，超过保证水位（4.85 m）0.57 m，列 1965 年有实测资料以来第 1 位（历史最高水位 5.34 m，2016 年 7 月）；望亭水位站（江苏苏州）25 日 21 时 15 分最高水位 5.07 m，超过保证水位（4.30 m）0.77 m，列 1930 年有实测资料以来第 1 位（历史最高水位 5.04 m，2016 年 7 月）。

4.7.2　浙江钱塘江流域发生 1955 年以来最大洪水

钱塘江中游干流兰溪水文站（浙江金华）6 月 25 日 18 时 38 分出现洪峰流量 14500 m³/s，20 时 15 分洪峰水位 32.04 m，超过保证水位（31.00 m）1.04 m，洪峰水位、流量均列 1955 年有实测资料以来第 2 位（历史最高水位 33.48 m，相应调查流量 20400 m³/s，1955 年 6 月），洪水重现期 20 年。详见图 4.30。

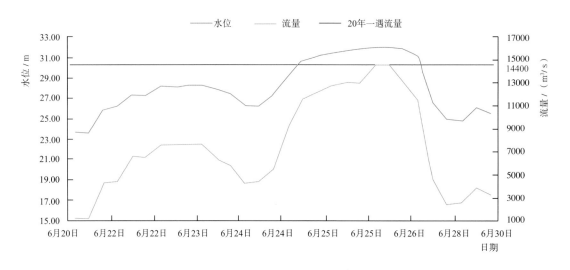

图 4.30　钱塘江兰溪水文站水位 – 流量过程线

4.8　内陆河及其他河流

新疆、青海、甘肃、宁夏等 4 省（自治区）共有 31 条河流发生超警戒流量的洪水。新疆有 24 条河流发生超警戒流量的洪水，洪水发生范围主要集中在伊犁、天山南北坡、南疆西部及昆仑山北坡，其中伊犁河支流哈什河、巩乃斯河以及叶尔羌河及其支流提兹那甫河等 4 条河流出现超保证流量洪水。西藏雅鲁藏布江支流尼洋河发生超历史洪水，干流出现明显洪水过程；云南澜沧江上游发生超历史洪水，怒江下游发生超警洪水。

4.8.1　新疆部分河流发生超保洪水，塔里木河干流发生超警戒流量的洪水

伊犁河支流哈什河种蜂场水文站（新疆伊犁）6 月 18 日洪峰流量 864 m³/s，超过保证流量（400 m³/s）。塔里木河支流叶尔羌河四十八团渡口水文站（新疆喀什）7 月 19 日洪

峰流量 811 m³/s，超过保证流量（800 m³/s）；塔里木河上游干流新渠满水文站（新疆阿克苏）25 日 8 时洪峰流量 1090 m³/s，超过警戒流量（1000 m³/s）。

4.8.2 西藏雅鲁藏布江支流尼洋河上游发生超历史洪水

雅鲁藏布江支流尼洋河上游工布江达水文站（西藏林芝）7 月 8 日 19 时洪峰水位 6.90 m，相应流量 1240 m³/s，水位、流量均列 1978 年有实测资料以来第 1 位（历史最高水位 6.50 m，历史最大流量 1010 m³/s，2014 年 8 月）；干流奴下水文站（西藏林芝）7 月 10 日 8 时洪峰水位 9.65 m，相应流量 7640 m³/s，见图 4.31。

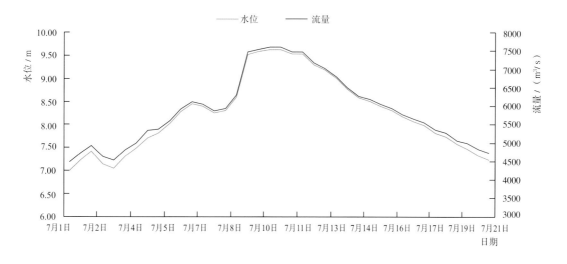

图 4.31　雅鲁藏布江奴下水文站水位－流量过程线

4.8.3 云南澜沧江上游发生超历史洪水，怒江下游发生超警洪水

澜沧江上游溜筒江水文站（云南迪庆）7 月 9 日 18 时 10 分洪峰水位 2067.03 m，超过保证水位（2065.50 m）1.53 m，相应流量 4580 m³/s，水位、流量均列 1986 年迁站以来第 1 位（有资料以来最高水位 2066.18 m，1998 年 8 月；迁站前最大流量 4600 m³/s，1962 年 8 月；迁站后最大流量 4240 m³/s，1991 年 8 月），见图 4.32。

怒江下游道街坝水文站（云南保山）7 月 10 日 8 时洪峰水位 669.77 m，超过警戒水位（669.54 m）0.23 m，相应流量 7300 m³/s，见图 4.33。

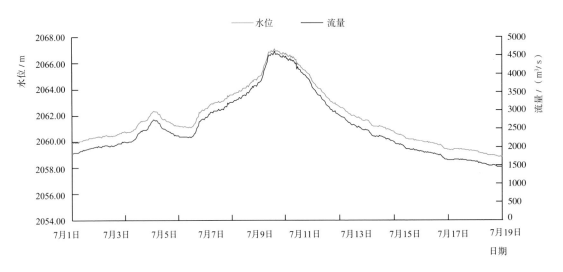

图 4.32　澜沧江溜筒江水文站水位 – 流量过程线

图 4.33　怒江道街坝水文站水位 – 流量过程线

附录 A 2017 年全国主要江河、水库特征值表

附表 A.1 2017 年全国主要江河控制站年最高水位和最大流量统计表

流域	河名	站名	2017 年最高水位 数值/m	2017 年最高水位 出现日期	2017 年最大流量 数值/(m³/s)	2017 年最大流量 出现日期	警戒水位/m	保证水位/m	历史最高水位 数值/m	历史最高水位 出现时间	历史最大流量 数值/(m³/s)	历史最大流量 出现时间
珠江	南盘江	天生桥	444.17	7月25日	3210	7月25日			447.50	2001年7月	6110	1997年7月
	红水河	迁江	77.30	7月13日	9240	7月13日	81.70		87.99	1988年9月	18400	1988年8月
	浔江	大湟江口	35.40	7月4日	33700	7月4日	31.70		38.28	2005年6月	43900	1994年6月
	西江	梧州	23.10	7月4日	38300	7月4日	18.50		27.80	1915年7月	54500	1915年7月
	柳江	柳州	85.56	7月3日	20600	7月3日	82.50	91.20	93.10	1996年7月	33700	1996年7月
	郁江	贵港	41.00	7月14日	6540	7月13日	41.20		46.93	2001年7月	16000	2001年7月
	北流河	金鸡	33.14	8月24日	3770	8月24日	33.00		38.39	1995年10月	6830	1970年8月
	桂江	昭平	63.35	7月3日	10500	7月3日	58.00		65.13	2008年6月	14000	2008年6月
	北江	石角	8.34	7月4日	10200	7月4日	11.00	14.60	14.68	1994年6月	17400	2006年7月
	东江	博罗	4.33	6月17日	4110	6月17日	11.20		15.68	1959年6月	12800	1959年6月
	南流江	常乐	16.22	7月4日	2740	7月4日	16.00		18.77	1967年8月	4860	1967年8月
	韩江	潮安	13.16	6月21日	5040	6月17日	13.50		16.95	1964年6月	13300	1960年6月
	万泉河	加积	5.49	10月14日	1500	10月14日	9.86		13.30	1954年10月	10100	1970年10月
长江	长江	寸滩	176.94	10月6日	30600	9月11日	180.50	183.50	191.41	1981年7月	85700	1981年7月
	长江	沙市	40.13	7月14日	26700	10月8日	43.00	45.00	45.22	1998年8月	53700	1998年8月
	长江	螺山	33.23	7月4日	60100	7月4日	32.00	34.01	34.95	1998年8月	78800	1954年8月
	长江	汉口	27.73	7月5日	59500	7月4日	27.30	29.73	29.73	1954年8月	76100	1954年8月
	长江	九江	21.23	7月6日	58900	7月5日	20.00	23.25	23.03	1998年8月	75000	1996年7月
	长江	大通	14.91	7月7日	70900	7月7日	14.40	17.10	16.64	1954年8月	92600	1954年8月
	岷江	高场	282.86	8月26日	13000	8月26日	285.00	288.00	290.12	1961年6月	34100	1961年6月
	沱江	富顺	265.82	7月7日	2540	8月27日	268.50	272.30	273.11	2010年8月	8680	2012年8月
	嘉陵江	北碚	186.02	9月11日	13900	9月11日	194.50	199.00	208.17	1981年7月	44800	1981年7月
	乌江	武隆	188.57	7月1日	9530	7月1日	193.00	199.50	204.63	1999年6月	22800	1999年6月
	清江	长阳	81.60	10月3日					84.50	1971年6月		
	湘江	湘潭	41.24	7月3日	19900	7月4日	38.00	39.50	41.95	1994年6月	20800	1994年6月

续表

流域	河名	站名	2017年最高水位 数值/m	2017年最高水位 出现日期	2017年最大流量 数值/(m³/s)	2017年最大流量 出现日期	警戒水位/m	保证水位/m	历史最高水位 数值/m	历史最高水位 出现时间	历史最大流量 数值/(m³/s)	历史最大流量 出现时间
长江	资水	桃江	44.13	7月1日	11100	7月1日	39.20	42.30	44.44	1996年7月	15300	1955年8月
	沅江	桃源	45.43	7月2日	22000	7月2日	42.50	45.40	47.37	2014年7月	29100	1996年7月
	澧水	石门	55.69	6月23日	4680	6月23日	58.50	61.00	62.66	1998年7月	19900	1998年7月
	洞庭湖湖区	城陵矶	34.63	7月4日	49400	7月4日	32.50	34.55	35.94	1998年8月	57900	1931年7月
	汉江	仙桃	35.65	10月8日	9240	10月8日	35.10	36.20	36.24	1984年9月	14600	1964年10月
	乐安河	虎山	30.00	6月25日	7200	6月25日	26.00		31.18	2011年6月	10100	1967年6月
	信江	梅港	27.30	6月26日	8010	6月26日	26.00		29.84	1998年6月	13800	2010年6月
	抚河	李家渡	28.51	6月29日	4520	6月29日	30.50		33.08	1998年6月	11100	2010年6月
	赣江	外洲	22.56	6月30日	15000	6月30日	23.50		25.60	1982年6月	21500	2010年6月
	漳河	万家埠	26.88	6月25日	2890	6月25日	27.00		29.68	2005年9月	5600	1977年6月
	鄱阳湖湖区	湖口	20.86	7月6日	15400	7月6日	19.50	22.50	22.59	1998年7月	31900	1998年6月
大湖及浙闽地区	太湖湖区	大湖平均水位	3.62	10月4日			3.80		4.97	1999年7月		
	衢江	衢州	63.47	6月25日	6270	6月25日	61.20	63.70	65.75	1955年6月	7620	1955年6月
	金华江	金华	36.40	6月25日	4250	6月25日	35.50	37.00	37.23	1962年9月	5960	1962年9月
	兰江	兰溪	32.04	6月25日	14500	6月25日	28.00	31.00	33.49	1955年6月	12500	2011年6月
	分水江	分水江	24.16	6月24日	1040	6月13日	23.00	24.50	25.07	2008年6月	4770	2013年6月
	浦阳江	诸暨	11.81	6月14日	960	6月14日	10.64	12.14	13.01	1956年8月	1490	1956年8月
	曹娥江	嵊州	16.07	6月13日	2550	6月13日	16.10	19.10	65.75	1955年6月	7620	1955年6月
	闽江	竹岐	5.20	6月17日	12300	6月17日	9.80	12.80	14.71	1998年6月	33800	1998年6月
	沙溪	沙县	105.19	6月20日	2420	6月20日	106.50	109.60	111.29	1994年5月	7650	1994年5月
	富屯溪	洋口	109.02	6月28日	3160	6月28日	109.30	112.60	115.15	1998年6月	13200	1998年6月
	建溪	七里街	94.69	6月16日	4710	6月16日	95.00	98.00	106.23	1998年6月	21600	1998年6月
	大樟溪	永泰	30.55	4月21日	1800	4月21日	31.00	34.50	37.62	1960年6月	12700	1960年6月
淮河	淮河	息县	36.92	10月6日	2260	10月6日	41.50	43.00	45.29	1968年7月	15000	1968年6月
	淮河	王家坝（总）	28.31	10月7日	4370①	10月7日	27.50	29.30	30.35	1968年7月	17600	1968年7月
	淮河	润河集（陈郢）	25.04	10月8日	3850	10月8日	25.30	27.70	27.82	2007年7月	8300	1954年7月

续表

流域	河名	站名	2017年最高水位 数值/m	出现日期	2017年最大流量 数值/(m³/s)	出现日期	警戒水位/m	保证水位/m	历史最高水位 数值/m	出现时间	历史最大流量 数值/(m³/s)	出现时间
淮河	淮河	鲁台子	22.96	10月10日	4670	10月10日	24.00	26.50	26.80	2003年7月	12700	1954年7月
	淮河	蚌埠（吴家渡）	18.87	10月13日	5230	10月13日	20.30	22.60	22.18	1954年8月	11600	1954年8月
	洪汝河	班台（总）	34.35	10月6日	1500	10月6日	33.50	35.63	37.39	1975年8月	6610	1975年8月
	史灌河	蒋家集	29.56	7月10日	1230	7月10日	32.00	33.24	33.39	2003年7月	5900	1969年7月
	颍河	阜阳闸	28.74	8月20日			30.50	32.52	32.52	1975年8月	3310	1965年7月
	漯河	横排头	53.22	10月3日			52.80	56.06	56.04	1969年8月	6420	1969年7月
	涡河	蒙城闸	25.38	10月2日			26.35	27.40	27.10	1963年8月	2080	1963年8月
	洪泽湖	蒋坝	13.90	3月1日			13.50		15.23	1954年8月		
	沂河	临沂	60.14	7月15日	994	7月16日	64.05	66.56	65.65	1957年7月	15400	1957年7月
黄河	黄河	唐乃亥	2517.54	10月6日	1990	10月6日	3000③	6500③	2520.38	1981年9月	5450	1981年9月
	黄河	兰州	1513.21	10月23日	1710	10月23日	5000③	7600③	1516.85	1981年9月	5900	1946年9月
	黄河	龙门	382.79	7月27日	6010	7月27日	5000③	11000③	387.58	2000年2月	21000	1967年8月
	黄河	潼关	328.60	7月28日	3410	7月28日			332.65	1961年10月	15400	1977年8月
	黄河	花园口	90.32	4月15日	1170	4月15日	93.85	95.17	94.73	1996年8月	22300	1958年7月
	黄河	利津	11.48	12月9日	813	12月8日	14.24	16.76	15.31	1955年1月	10400	1958年8月
	洮河	红旗	1746.09	10月13日	300	10月13日	1748.60	1750.00	1749.27	1978年9月	2370	1964年7月
	湟水	民和	1763.80	9月1日	221	9月1日			1765.00	1999年9月	1260	1999年8月
	大通河	享堂	1153.57	9月19日	471	7月19日			1156.79	1944年7月	1540	1989年7月
	窟野河	温家川	8.64	8月22日	248	8月22日	3000③		15.40	1976年8月	14000	1976年8月
	无定河	白家川	11.71	7月26日	4490	7月26日	700③	1750③	11.40	1977年8月	3840	1977年8月
	汾河	河津	375.45	8月1日	211	7月31日			376.80	1996年8月	3320	1954年8月
	渭河	华县	340.59	10月13日	1980	10月13日	3000③	8530③	342.76	2003年9月	7660	1954年8月
	泾河	张家山	423.14	8月23日	481	8月23日	429.50	433.50	451.98	1933年8月	9200	1933年8月
	北洛河	状头	363.38	8月24日	255	8月24日	370.10	371.60	408.81	1953年8月	6280	1994年8月
	伊洛河	黑石关	109.94	10月6日	325	10月6日	111.50	113.50	115.53	1982年8月	9450	1958年7月
	沁河	武陟	103.34	7月2日	250	7月2日	107.00	109.00	108.83	1982年8月	4130	1982年8月

续表

流域	河名	站名	2017年最高水位 数值/m	2017年最高水位 出现日期	2017年最大流量 数值/(m³/s)	2017年最大流量 出现日期	警戒水位/m	保证水位/m	历史最高水位 数值/m	历史最高水位 出现时间	历史最大流量 数值/(m³/s)	历史最大流量 出现时间
海河	海河	海河闸	3.09	10月11日	760	2月9日	4.18	5.06	3.90	2016年7月	2040	1959年8月
	白河	张家坟	182.46	7月7日	51.5	7月7日			185.36	1998年7月	2580	1998年8月
	潮河	下会	173.92	8月27日	7.88	8月27日			178.13	1976年7月	2490	1976年7月
	洋河	响水堡	556.88	12月16日	5.25	12月16日			559.43	1948年8月	1270	1979年8月
	桑干河	石匣里	824.54	11月12日	22.3	11月12日			823.86	2011年6月	2700	1953年8月
	拒马河	张坊	103.82	7月7日	21.8	7月7日			110.40	1963年8月	9920	1963年8月
	滹沱河	小觉	264.02	10月13日	51.6	10月10日			268.40	1999年8月	2410	1956年8月
	漳河	观台	149.87	7月30日	302	7月30日			157.75	1996年8月	9200	1956年8月
	南运河	临清	30.06	1月9日	149	1月9日	35.51	38.05	37.84	1963年8月	2540	1963年8月
松花江及辽河	嫩江	江桥	136.22	8月17日	938	8月17日	139.70	141.44	142.37	1998年8月	26400	1998年8月
	第二松花江	扶余	133.52	7月27日	3330	7月27日	133.56	134.81	134.80	1956年8月	6750	1956年8月
	松花江	哈尔滨	116.80	8月2日	3230	8月2日	118.10	120.30	120.89	1998年8月	16600	1998年8月
	松花江	佳木斯	77.03	8月8日	6460	8月8日	79.30	80.50	80.63	1960年8月	18400	1960年8月
	辽河	铁岭	54.80	6月30日	293	7月14日	59.59	61.69	60.52	1995年7月	14200	1951年8月
	西辽河	郑家屯	113.88	8月19日	35.0	8月8日	116.56	117.47	116.64	1962年8月	1760	1962年8月
	东辽河	王奔	108.85	7月22日	247	7月22日	109.79	110.79	113.42	1986年7月	1800②	1986年7月
西部地区河流	尼洋河	八一	10.37	7月6日					10.55	1998年8月		
	雅鲁藏布江	奴下	9.65	7月10日	7640	7月10日			12.56	1998年8月	13100	1998年8月
	塔里木河	阿拉尔	9.53	8月2日	1530	8月2日	1300③	1700③	10.32	2001年8月	2280	1999年8月
	伊犁河	三道河子	7.65	6月29日	966	6月29日	1500③	1800③	8.28	1999年7月	2290	1999年7月
	黑河	莺落峡	1677.64	8月21日	423	8月21日	1678.45	1679.20	1679.36	1996年8月	1280	1996年8月
	澜沧江	允景洪	538.42	9月14日	3430	9月14日	543.46	544.77	552.22	1966年9月	12800	1966年8月
	怒江	道街坝	669.77	7月10日	7300	7月10日	669.54	670.98	671.75	1979年10月	10400	1979年10月

注
深色部分为超过警戒水位（流量）的站点。
① 该值为王家坝现总流量（含淮河干流、彰岗和王家坝闸流量）。
② 该值为洪水调查还原流量。
③ 该值为警戒（保证）流量，m³/s。

附表 A.2　2017 年全国主要江河控制站年最低水位和最小流量统计表

流域	河名	站名	2017 年最低水位		2017 年最小流量		历史最低水位		历史最小流量	
			数值 /m	出现日期	数值 /(m³/s)	出现日期	数值 /m	出现时间	数值 /(m³/s)	出现时间
珠江	南盘江	天生桥	438.68	6 月 17 日	55.8	6 月 17 日	437.56	1999 年 2 月	0	1998 年 12 月
	红水河	迁江	58.63	2 月 6 日	305	2 月 6 日	57.76	2004 年 1 月	179	1989 年 3 月
	浔江	大湟江口	20.98	2 月 4 日	1580	2 月 4 日	18.49	2004 年 1 月	607	1989 年 12 月
	西江	梧州	2.30	1 月 8 日	1680	1 月 8 日	1.42	2012 年 1 月	664	2009 年 12 月
	柳江	柳州	76.95	6 月 5 日	96.5	12 月 19 日	68.87	1999 年 3 月	59.8	1999 年 3 月
	郁江	贵港	30.64	6 月 9 日	266	1 月 28 日	26.18	1964 年 1 月	56.0	2007 年 2 月
	北流河	金鸡	25.66	10 月 15 日	6.26	1 月 25 日	25.84	1954 年 11 月	0	2011 年 2 月
	桂江	昭平	53.32	4 月 25 日	0	2 月 24 日	46.03	1994 年 2 月	12.2	2008 年 1 月
	北江	石角	-1.60	1 月 2 日	5.00	12 月 11 日	-0.64	2011 年 12 月	57.0	1960 年 3 月
	东江	博罗	-0.36	11 月 23 日	0	12 月 23 日	-0.92	2012 年 3 月	15.0	2013 年 2 月
	南流江	常乐	11.01	3 月 15 日	51.4	3 月 15 日	11.04	2015 年 4 月	5.37	1989 年 12 月
	韩江	潮安	11.02	6 月 19 日	47.3	12 月 18 日	4.96	2005 年 2 月	12.6	2013 年 6 月
	万泉河	加积	0.73	3 月 14 日	4.90	3 月 14 日	0.54	2015 年 9 月	0.860	2010 年 7 月
长江	长江	寸滩	160.54	6 月 2 日	3240	1 月 28 日	158.08	1987 年 3 月	2060	1937 年 4 月
	长江	沙市	30.34	1 月 29 日	5940	1 月 29 日	30.02	2003 年 2 月	3260	2003 年 2 月
	长江	螺山	18.78	12 月 29 日	8890	12 月 14 日	15.56	1960 年 2 月	4060	1963 年 2 月
	长江	汉口	13.76	12 月 3 日	9770	12 月 3 日	10.08	1865 年 2 月	2930	1865 年 3 月
	长江	九江	8.45	12 月 31 日	10000	12 月 31 日	6.48	1901 年 3 月	5850	1999 年 3 月
	长江	大通	4.66	12 月 31 日	11000	1 月 1 日	3.14	1961 年 2 月	4620	1979 年 1 月
	岷江	高场	274.43	1 月 26 日	613	1 月 26 日	274.22	1980 年 2 月	364	1980 年 2 月
	沱江	富顺	261.37	5 月 22 日	25.5	5 月 22 日	261.07	2004 年 4 月	0.120	2004 年 4 月
	嘉陵江	北碚	172.75	1 月 15 日	243	12 月 14 日	166.86	2010 年 3 月	87.4	2007 年 2 月
	乌江	武隆	168.89	3 月 12 日	282	1 月 31 日	167.11	2008 年 1 月	55.3	2008 年 1 月
	清江	长阳	76.87	1 月 4 日			70.95	1999 年 3 月	1.00	1994 年 11 月
	湘江	湘潭	29.83	11 月 17 日	317	11 月 6 日	26.05	2011 年 12 月	100	1966 年 1 月

流域	河名	站名	2017年最低水位 数值/m	2017年最低水位 出现日期	2017年最小流量 数值/(m³/s)	2017年最小流量 出现日期	历史最低水位 数值/m	历史最低水位 出现时间	历史最小流量 数值/(m³/s)	历史最小流量 出现时间
长江	资水	桃江	31.56	10月24日	70.1	10月24日	30.75	2015年2月	11.4	2015年2月
	沅江	桃源	29.73	12月7日	285	12月7日	29.70	2016年12月	44.4	2012年10月
	澧水	石门	50.23	11月13日	11.3	11月13日	48.67	1990年12月	1.00	1996年1月
	洞庭湖区	城陵矶	19.94	12月29日	2030	12月29日	17.03	1907年1月	377	1975年1月
	汉江	仙桃	23.03	3月9日	428	7月27日	22.33	2000年5月	180	1958年3月
	乐安河	虎山	18.62	11月9日	21.9	11月9日	18.67	2016年12月	4.80	1967年10月
	信江	梅港	16.11	11月12日	26.3	11月12日	16.50	2013年11月	4.14	1997年1月
	抚河	李家渡	21.43	10月12日	4.06	10月12日	22.28	2016年8月	0.059	1967年9月
	赣江	外洲	12.60	12月29日	519	10月10日	11.50	2015年1月	172	1963年11月
	潦河	万家埠	19.30	12月9日	18.0	12月9日	19.31	2014年1月	0	2009年1月
	鄱阳湖区	湖口	7.61	12月31日	32.1	10月18日	5.90	1963年2月	-13700	1991年7月
太湖及浙闽地区	太湖湖区	太湖平均水位	2.96	3月12日			2.37	1978年9月		
	衢江	衢州	55.55	7月2日	108	6月2日	55.39	1967年1月	0.100	1967年1月
	金华江	金华	30.08	2月17日	6.99	2月21日	29.88	1999年11月	0①	1978年9月
	兰江	兰溪	22.30	5月1日	45.8	9月25日	20.68	1967年1月	0①	1978年7月
	分水江	分水江	16.57	11月24日	0.060	10月24日	16.68	2010年11月	0.681	2011年12月
	浦阳江	诸暨	7.25	6月28日	1.66	11月11日	4.23	1967年11月	0①	1953年5月
	曹娥江	嵊州	11.19	1月5日	520	6月24日	55.39	1967年1月	0.100	1967年1月
	闽江	竹口	-0.57	12月24日	-3890	4月27日	-0.690	2015年3月	196	1971年8月
	沙溪	沙县	101.38	2月23日	0.410	1月1日	99.46	2008年1月	0	2012年1月
	富屯溪	洋口	105.71	1月2日	13.3	12月29日	104.62	2007年11月	2.30	2007年11月
	建溪	七里街	86.92	2月20日	51.6	2月20日	86.86	2009年11月	2.40	2014年2月
	大樟溪	永泰	26.90	11月5日	5.59	1月3日	24.85	1963年4月	0.140	2004年1月
淮河	淮河	息县	30.05	7月6日	21.0	7月6日	31.03	2012年6月	0①	1957年1月
	淮河	王家坝(总)	20.49	6月26日	111	8月2日	17.58	2012年7月	-44.0	2012年8月
	淮河	润河集(陈郢)	20.18	6月12日	46.0	6月6日	15.27	2001年7月	-84.4	1953年6月

续表

流域	河名	站名	2017年最低水位 数值/m	2017年最低水位 出现日期	2017年最小流量 数值/(m³/s)	2017年最小流量 出现日期	历史最低水位 数值/m	历史最低水位 出现时间	历史最小流量 数值/(m³/s)	历史最小流量 出现时间
淮河	淮河	鲁台子	17.50	6月28日	68.6	6月2日	15.08	1978年11月	-43.8	1959年9月
	淮河	蚌埠(吴家渡)	11.97	7月6日	36.0	6月6日	10.33	1966年11月	0①	1959年8月
	洪汝河	班台(总)	22.53	3月23日	1.25	7月1日	22.38	2012年1月	-28.9	1987年7月
	史灌河	蒋家集	24.79	7月3日	3.06	7月3日	25.40	2012年8月	0①	1955年6月
	颍河	阜阳闸	27.47	10月11日			21.10	1966年6月	0①	1958年6月
	潲河	横排头	49.94	7月17日			46.74	1967年1月	0①	1966年3月
	涡河	蒙城闸	24.38	7月8日			18.29	1960年3月	-8.90	1955年6月
	洪泽湖	蒋坝	11.74	7月7日			9.68	1966年11月		
	沂河	临沂	57.17	5月7日	0.160	3月14日	56.86	2010年5月	0	1958年6月
黄河	黄河	唐乃亥	2513.76	2月19日	85.0	2月19日	2513.30	2011年3月	35.5	2011年3月
	黄河	兰州	1511.16	5月22日	322	5月22日	1510.71	1935年1月	60.2	1961年4月
	黄河	龙门	378.23	6月4日	117	5月15日	371.84	1934年6月	31.0	2001年7月
	黄河	潼关	326.28	7月16日	112	7月2日	321.38	1935年12月	0.950	2001年7月
	黄河	花园口	88.45	1月24日	166	1月31日	88.52	1962年12月	0	1960年5月
	黄河	利津	9.39	3月7日	89.0	3月16日	6.73	1960年6月	0②	1974年8月
	洮河	红旗	1744.06	2月23日	11.2	2月23日	1744.21	1972年12月	13.8	1997年2月
	湟水	民和	1762.25	3月27日	9.20	3月27日	1760.87	1979年7月	0.040	1979年5月
	大通河	享堂	1151.44	4月16日	13.8	3月3日	1149.99	1951年3月	0.800	2009年2月
	窟野河	温家川	7.38	1月9日	1.18	7月16日	6.29	2003年8月	0①	2006年7月
	无定河	白家川	4.08	7月15日	1.69	7月15日	3.44	1999年7月	0.020	1999年7月
	汾河	河津	370.33	7月27日	0.035	7月27日	371.31	1998年11月	0	2009年5月
	渭河	华县	333.63	7月28日	5.08	7月28日	330.84	1935年7月	0.010	2003年6月
	泾河	张家山	420.18	6月29日	1.10	5月29日	420.03	2003年1月	0.690	1994年4月
	北洛河	状头	361.18	6月26日	0.030	6月26日	361.25	2007年6月	0.350	2007年6月
	伊洛河	黑石关	104.90	7月13日	5.77	8月19日	105.2	2013年4月	0①	1981年9月
	沁河	武陟	99.66	9月13日	1.83	9月13日	0①	1966年1月	0①	2009年5月

续表

流域	河名	站名	2017年最低水位		2017年最小流量		历史最低水位		历史最小流量	
			数值/m	出现日期	数值/(m³/s)	出现日期	数值/m	出现时间	数值/(m³/s)	出现时间
海河	海河	海河闸	1.51	12月17日	0	1月1日	-0.05	1978年5月	-794	1963年8月
	白河	张家坟	181.61	6月21日	0.870	6月21日	178.07	1972年6月	0.100	2011年6月
	潮河	下会	173.51	6月21日	0.620	6月21日	164.01	1973年5月	0①	1972年6月
	洋河	响水堡	556.25	9月19日	0.415	9月19日	554.93	2003年1月	0.070	1975年7月
	桑干河	石匣里	822.69	4月22日	0.410	4月22日			0.030	2002年3月
	拒马河	张坊	103.27	4月1日	0	6月1日			0①	1983年3月
	滹沱河	小觉	262.73	3月9日	0.291	3月30日	262.13	1959年5月	0①	2008年6月
	漳河	观台	148.01	4月16日	0	4月16日	141.81	1952年6月		
	南运河	临清	25.85	3月15日	0	3月15日	26.23	1986年1月		
松花江及辽河	嫩江	江桥	134.30	7月26日	107	12月11日	133.2	2003年6月	9.67	1986年2月
	第二松花江	扶余	128.62	10月8日	116	10月8日	128.76	2003年6月	43.1	1980年12月
	松花江	哈尔滨	114.26	5月22日	320	12月31日	110.07	2003年6月	125	2003年6月
	松花江	佳木斯	72.71	11月16日	314	11月21日	72.44	2003年6月	109	2007年11月
	辽河	铁岭	51.21	6月1日	0	6月16日	51.65	2009年2月	0①	2017年6月
	西辽河	郑家屯	112.19	11月21日	0.120	11月21日	115.09	1965年5月	0①	1965年5月
	东辽河	王奔	106.2	5月13日	2.10	5月13日	105.90	2000年8月	0①	2000年7月
西部地区河流	尼洋河	更张	7.06	3月23日	46.0	3月23日				
	雅鲁藏布江	奴下	1.41	2月22日	612	2月22日	1.19	1984年2月	220	1997年2月
	塔里木河	阿拉尔	7.97	4月19日	12.0	4月19日	7.48	1985年6月	0.420	1959年6月
	伊犁河	三道河子	5.97	8月2日	325	8月2日	5.64	1995年4月	72.0	1995年4月
	黑河	莺落峡	1675.53	4月12日	3.72	4月12日	1675.50	2001年4月	0①	2001年4月
	澜沧江	允景洪	534.89	10月31日	640	10月31日	533.39	1995年4月	74.6	1995年4月
	怒江	道街坝	662.63	3月27日	987	3月27日	660.67	1960年2月	304	1995年2月

① 该水文断面曾在不同年份多次断流。
② 该水文断面曾经出现断流。

附表 A.3 2017 年松花江、辽河、海河、黄河流域主要江河控制站各月平均流量统计表

流域	河名	站名	2017年各月平均流量（m³/s）												历史最小月平均流量	
			1月	2月	3月	4月	5月	6月	7月	8月	9月	10月	11月	12月	数值/（m³/s）	出现时间
松花江	嫩江	江桥	122	121	151	275	320	394	265	495	465	371	208	132	12.2	1977年2月
	第二松花江	丰满（入库）	385	246	570	680	663	630	1260	562	100	81.0	69.0	86.0	0	1974年1月
	松花江	哈尔滨	530	458	478	774	670	1050	1440	2220	792	664	534	377	10.5	1920年1月
辽河	辽河	铁岭	23.8	17.4	33.1	81.0	134	33.7	58.3	115	49.3	28.2	18.3	11.6	0.380	2002年1月
	滦河	潘家口（入库）	9.53	8.47	11.3	13.9	8.58	8.60	45.7	158	51.0	31.2	24.6	9.63	0.160	2001年5月
	白河	张家坟	4.22	5.69	7.66	15.6	4.07	2.70	11.4	9.33	7.38	10.1	15.2	4.19	1.03	2002年5月
	潮河	下会	3.38	2.95	2.94	2.50	1.54	1.36	3.24	3.75	4.53	3.89	3.76	2.73	0.010	1972年6月
	洋河	响水堡	1.75	1.26	0.582	0.582	0.631	0.665	0.845	0.744	0.495	1.04	0.477	1.30	0.220	2002年12月
海河	桑干河	石匣里	1.69	1.62	3.36	2.06	1.40	1.86	1.84	1.33	1.47	2.69	10.6	2.15	0.060	2001年7月
	拒马河	张坊	1.58	1.16	0.409	0	0	0	2.26	4.46	4.75	3.67	2.96	1.99	0	2007年7月
	滹沱河	小觉	0.600	0.520	0.500	1.50	0.665	0.780	0.970	3.04	2.55	15.2	1.65	0.840	0.200	2001年1月
	漳河	观台	11.6	11.6	8.48	3.88	5.48	5.75	32.1	34.5	2.55	20.5	2.08	0	0	2000年5月
	南运河	临清	70.1	12.2	3.68	14.6	3.23	14.7	30.8	15.3	9.57	15.1	17.6	13.3	0	2000年5月
黄河	黄河	龙羊峡（入库）	150	158	191	308	380	927	586	580	1200	1532	665	315	81.9	2003年1月
	黄河	兰州	423	411	429	684	1059	1080	1118	814	800	1207	1061	573	228	1963年1月
	黄河	龙门	378	377	582	406	183	288	499	506	724	561	638	405	120	2001年7月
	黄河	潼关	451	449	611	579	303	400	468	642	1023	1238	856	544	102	1997年6月
	黄河	花园口	206	373	792	994	803	934	586	479	329	510	671	652	64.4	1960年12月
	渭河	华县	55.4	36.7	77.9	161	128	162	34.2	135	236	558	143	76.0	3.50	1979年12月
	伊洛河	黑石关	16.5	14.2	22.1	32.0	35.5	28.3	28.0	18.9	32.9	157	91.1	48.7	5.50	1978年5月

附表 A.4 2017 年淮河、长江、珠江及钱塘江、闽江流域主要江河控制站各月平均流量统计表

流域	河名	站名	2017 年各月平均流量 /（m³/s）												历史最小月均流量	
			1月	2月	3月	4月	5月	6月	7月	8月	9月	10月	11月	12月	数值 /（m³/s）	出现时间
淮河	淮河	王家坝	329	149	128	267	113	158	617	289	820	1580	262	122	0	1959 年 1 月
	淮河	正阳关	770	301	329	655	285	435	903	879	1780	3560	805	327	3.80	1979 年 1 月
	淮河	蚌埠	1100	426	341	795	313	497	959	875	2500	4450	1060	430	0	1959 年 9 月
	洪汝河	班台	68.0	55.0	30.3	37.0	23.6	44.5	65.7	81.1	155	626	89.0	45.8	0	1966 年 1 月
	史灌河	蒋家集	61.0	28.7	37.8	121	21.2	9.43	75.0	92.9	186	209	39.1	9.55	0.010	1966 年 1 月
	沂河	临沂	19.2	18.6	13.9	22.6	15.8	2.66	143	118	32.7	13.7	16.9	2.68	0.060	1960 年 3 月
长江	长江	寸滩	4270	4440	5220	6640	8020	13400	16000	17100	17700	16000	9310	5920	2250	1915 年 3 月
	长江	宜昌	6560	6910	8330	11300	15400	19400	22100	19000	19000	20900	10600	7190	2770	1865 年 2 月
	长江	汉口	12300	10900	17000	22600	23200	31500	45000	27300	25400	33600	17600	11100	3290	1865 年 2 月
	长江	大通	16600	13300	21100	31800	29100	36900	59200	38500	31000	35000	23600	14100	6730	1963 年 2 月
	嘉陵江	北碚	372	552	888	1580	2010	2910	2640	2230	3890	4410	1560	803	235	2003 年 2 月
	沅江	桃源	1460	1100	2630	2580	2530	6150	4970	2010	2370	2030	653	449	246	1992 年 12 月
	湘江	湘潭	1620	963	3630	2930	2140	5190	5200	1310	741	558	582	668	176	1956 年 12 月
	汉江	丹江口（入库）	379	255	541	1170	1110	1510	808	736	3650	5490	617	534	73.0	1992 年 2 月
	赣江	外洲	1110	818	3030	3100	2080	4940	3950	2080	1210	794	908	960	254	1956 年 12 月
钱塘江	新安江	新安江（入库）	163	54.4	370	588	391	1380	216	264	165	127	76.6	78.7	5.60	1967 年 12 月
闽江	闽江	竹岐	998	976	1860	2180	1750	4430	2350	1610	991	765	555	632	270	1968 年 1 月
珠江	西江	梧州	2630	2220	4150	5520	7530	12400	20200	14400	10600	6070	4080	3630	835	1942 年 2 月
	北江	石角	548	506	2940	928	968	2980	2560	780	1620	592	372	358	156	2004 年 1 月
	东江	博罗	699	651	648	641	616	1350	1180	763	632	505	339	372	76.7	1960 年 2 月

附表 A.5　2017 年松花江、辽河、海河、黄河流域主要江河控制站分期平均流量统计表

流域	河名	站名	全年			汛前（1—5月）			汛期（6—9月）			汛后（10—12月）		
			2017年平均流量/(m³/s)	多年平均流量/(m³/s)	距平/%	2017年平均流量/(m³/s)	多年同期平均流量/(m³/s)	距平/%	2017年平均流量/(m³/s)	多年同期平均流量/(m³/s)	距平/%	2017年平均流量/(m³/s)	多年同期平均流量/(m³/s)	距平/%
松花江	嫩江	江桥	277	678	-59	199	209	-5	404	1440	-72	237	436	-46
	第二松花江	丰满（入库）	447	404	11	513	283	81	642	747	-14	78.8	145	-46
	松花江	哈尔滨	836	1350	-38	583	658	-11	1380	2330	-41	525	1180	-56
辽河	辽河	铁岭	50.6	97.7	-48	58.5	35.9	63	64.5	216	-70	19.4	42.0	-54
	滦河	潘家口（入库）	31.7	43.3	-27	10.4	16.8	-38	65.8	86.6	-24	21.8	29.8	-27
	白河	张家坟	8.10	14.0	-42	7.40	6.60	13	7.70	26.3	-71	9.80	9.70	0
	潮河	下会	3.00	8.60	-65	2.70	2.90	-9	3.20	17.9	-82	3.50	5.80	-40
	洋河	响水堡	0.90	11.8	-93	1.00	9.20	-90	0.700	17.0	-96	0.900	9.10	-90
海河	桑干河	石匣里	2.70	16.0	-83	2.00	13.5	-85	1.60	23.2	-93	5.10	10.5	-52
	拒马河	张坊	2.10	17.1	-89	0.800	7.00	-91	2.90	33.2	-91	2.90	12.4	-77
	滹沱河	小觉	2.40	20.8	-88	0.800	10.1	-92	1.80	38.1	-95	5.90	15.6	-62
	漳河	观台	11.3	31.1	-64	8.20	12.7	-36	18.0	56.6	-68	7.80	27.4	-72
	南运河	临清	18.5	65.9	-74	21.0	35.9	-42	17.7	103	-83	14.2	66.6	-86
黄河	黄河	龙羊峡（入库）	584	628	-7	239	293	-19	820	1100	-25	839	554	51
	黄河	兰州	808	1010	-20	605	604	0	954	1560	-39	946	930	2
	黄河	龙门	462	914	-49	385	612	-37	504	1300	-61	533	893	-40
	黄河	潼关	631	1100	-43	479	764	-37	630	1520	-59	881	1090	-19
	黄河	花园口	611	1230	-50	637	779	-18	578	1780	-68	613	1220	-50
	渭河	华县	151	195	-23	92.6	106	-13	141	300	-53	260	202	29
	伊洛河	黑石关	44.0	76.5	-42	24.2	45.4	-47	27.0	110	-75	99.0	83.3	19

附表 A.6 2017年淮河、长江、珠江及钱塘江、闽江流域主要江河控制站分期平均流量统计表

流域	河名	站名	全年			汛前（1—4月）			汛期（5—9月）			汛后（10—12月）		
			2017年平均流量/(m³/s)	多年平均流量/(m³/s)	距平/%	2017年平均流量/(m³/s)	多年同期平均流量/(m³/s)	距平/%	2017年平均流量/(m³/s)	多年同期平均流量/(m³/s)	距平/%	2017年平均流量/(m³/s)	多年同期平均流量/(m³/s)	距平/%
淮河	淮河	王家坝	405	306	33	198	163	22	471	592	-20	659	162	307
	淮河	正阳关	924	696	33	470	370	27	998	1300	-23	1570	430	266
	淮河	蚌埠	1150	879	31	597	431	38	1200	1660	-28	1990	573	247
	洪汝河	班台	111	80.6	38	42.6	33.9	26	86.4	163	-47	255	47.7	435
	史灌河	蒋家集	74.4	68.3	9	54.0	48.8	11	90.7	120	-24	86.4	32.0	170
	沂河	临沂	35.3	67.0	-47	18.0	13.6	32	75.0	163	-54	11.0	27.4	-60
长江	长江	寸滩	10400	11200	-7	5150	3570	44	14400	18300	-21	10400	9210	13
	长江	宜昌	13900	14100	-1	8280	4860	70	19000	22800	-17	12900	11700	10
	长江	汉口	23200	23300	0	15800	10900	45	30500	34500	-12	20800	20800	0
	长江	大通	29300	28900	2	20800	15700	32	39000	42000	-7	24200	24000	1
	嘉陵江	北碚	1990	2060	-3	849	570	49	2730	3550	-23	2270	1510	50
	沅江	桃源	2420	2010	20	2060	1810	14	3880	3000	29	1040	1020	2
	湘江	湘潭	2130	2120	0	2260	2400	-6	3110	2510	24	603	1120	-46
	汉江	丹江口（入库）	1410	1100	28	590	495	19	1550	1690	-9	2230	911	145
	赣江	外洲	2090	2140	-2	2050	1970	4	2850	2980	-4	900	965	-7
钱塘江	新安江	新安江（入库）	323	309	4	297	270	10	479	373	29	94.3	255	-63
闽江	闽江	竹岐	1590	1700	-6	1550	1830	-15	2350	2260	4	651	737	-12
珠江	西江	梧州	7820	6680	17	4450	3890	14	14400	12500	15	4600	3600	28
	北江	石角	1220	1340	-39	548	1010	-86	1980	2070	-24	441	545	-19
	东江	博罗	700	743	-6	660	474	39	907	1140	-20	406	440	-8

附表 A.7　2017 年全国重点大中型水库水情特征值统计表

流域	河流	水库	最大入库流量		最大出库流量		最高库水位		
			数值 /(m³/s)	出现日期	数值 /(m³/s)	出现日期	水位 /m	相应蓄水量 /亿 m³	出现日期
珠江	北江	飞来峡	6400	7月3日	7080	7月3日	24.17	4.35	11月24日
	新丰江	新丰江	1150①	6月16日	467①	7月7日	113.63	99.20	1月1日
长江	长江	三峡	38000	9月1日	29800	7月13日	175.00	393.00	10月21日
	雅砻江	二滩	3710	8月18日	3730	9月23日	1199.90	57.83	10月29日
	乌江	乌江渡	2320	6月24日	2480	7月1日	759.55	21.19	7月3日
	清江	隔河岩	6000	10月3日	5930	10月3日	199.88	30.10	10月15日
	耒水	东江	675	6月7日	466	1月10日	276.54	68.33	8月4日
	资水	柘溪	15800	7月1日	8500	7月2日	169.84	30.74	7月3日
	西水	凤滩	7970	6月24日	3590	6月25日	204.86	13.83	9月30日
	沅江	五强溪	32400	7月1日	22500	7月2日	107.85	30.24	7月2日
	汉江	安康	9240	9月27日	8780	10月11日	330.02	25.87	12月8日
	汉江	丹江口	18600	10月12日	8040	9月28日	167.00	260.50	10月29日
	赣江	万安	3170	4月1日	2800	3月31日	95.94	11.11	1月14日
	修河	柘林	9630	7月1日	4510	7月2日	66.63	55.21	7月3日
太湖及浙闽地区	新安江	新安江	8450	6月25日	1210	6月23日	103.80	153.30	7月5日
淮河	宿鸭湖	宿鸭湖	1050	10月5日	520	10月5日	53.99	4.12	10月5日
	浉河	南湾	749	8月8日	231	10月9日	104.58	7.71	10月8日
	灌河	鲇鱼山	1060	7月1日	64.5	7月3日	107.38	5.28	10月14日
	史河	梅山	953①	7月10日	620	7月25日	127.75	13.43	12月1日
	淠河西源	响洪甸	439①	10月3日	595	5月17日	126.62	13.26	4月18日
	淠河东源	佛子岭	222①	8月13日	109	4月6日	122.14	3.27	10月17日
	新沭河	石梁河	776	7月15日	601	7月17日	25.00	2.97	9月17日

续表

流域	河流	水库	最大入库流量		最大出库流量		最高库水位		
			数值/(m³/s)	出现日期	数值/(m³/s)	出现日期	水位/m	相应蓄水量/亿m³	出现日期
黄河	黄河	龙羊峡	1960	10月7日	1150	6月20日	2591.50	215.51	11月28日
	黄河	刘家峡	1460	10月1日	1480	10月29日	1734.41	39.91	4月18日
	黄河	万家寨	930	3月2日	1640	9月24日	978.82	3.91	11月13日
	黄河	三门峡	3410	7月28日	3190	7月28日	318.10	4.81	5月18日
	黄河	小浪底	3190	7月28日	1730	4月9日	267.59	76.47	12月1日
	东平湖	东平湖	347	7月30日			41.94	4.02	1月13日
	滦河	潘家口	1950	8月3日	185①	5月22日	223.13	21.38	12月31日
	白河	密云	109	7月7日	25.0	9月26日	144.99	20.27	12月29日
	永定河	官厅	24.1	3月30日	42.8	3月24日	475.83	4.84	2月21日
海河	漳河	岳城	304	7月28日	194	1月6日	146.35	5.86	1月1日
	滹沱河	黄壁庄	99.4①	6月5日	110	3月21日	119.65	4.25	1月15日
	青龙河	桃林口	607	8月4日	66.5	4月27日	138.60	6.55	12月31日
	州河	于桥	181①	8月15日	59.6①	9月1日	21.10	4.02	8月31日
	洋河	大伙房	174	8月2日	243	5月7日	128.45	11.62	1月1日
	碧流河	碧流河	1160	8月4日	16.1	11月1日	59.79	3.16	10月29日
松花江及辽河	太子河	观音阁	140	8月4日	200	6月13日	251.87	12.30	4月29日
	第二松花江	白山	2270	7月22日	1300	7月26日	412.89	49.53	1月1日
	第二松花江	丰满	10300	7月21日	2270	7月24日	253.66	52.71	5月1日

① 日均入（出）库流量。

附录 B 2017 年全国水情工作大事记

1 月，水利部与中国气象局联合召开会商会，共同研判 2017 年汛期全国雨水情趋势；水利部水文局派员参加在日本横滨举行的 ESCAP/WMO 台风委员会第 49 届年会。

2 月，全国水情工作会议在北京召开，会议研讨新形势下如何进一步加强业务能力建设，全面提升水情服务水平，研究部署今后两年水情重点工作。

3 月，水利部与中国气象局联合召开会商会，滚动研判 2017 年汛期全国雨水情趋势；《水情预警信号》标准完成送审稿编制，受水利部国科司委托，水利部水文局组织召开送审稿审查会。

4 月，水利部水文局下发《关于开展防汛抗旱水文要素多年均值计算的通知》（水文情〔2017〕53 号），组织部署开展防汛抗旱水文要素多年均值计算工作。

6 月，洞庭湖水系湘江、资水、沅江同时发生流域性大洪水，水利部水文局滚动对三峡等重点水库开展预报调度分析计算，为三峡水库超常规调度提供了有力支撑，确保长江干流莲花塘水位不超保，缩短洞庭湖超保时间 6 天，显著减轻了湖南湘江下游、洞庭湖区及长江中下游的防洪压力。

7 月，长江、黄河、淮河、珠江、松花江五大流域发生 7 次编号洪水，长江中游发生区域性大洪水，水利部水文首席预报员接受中央电视台采访，分析研判水文气象形势；水利部水文局组织召开全国防汛水文测报专题视频会议，贯彻落实中央领导批示和防汛抗旱有关会议精神，部署防汛关键期水情测报工作。

8 月，水利部水文局提前 5 天准确预判热带扰动活跃迹象，后续滚动分析研判热带气旋（即第 13 号台风"天鸽"）发展变化，为国家防总超前部署防御工作提供了重要支撑。

9 月，水利部水文局派员参加在韩国首尔举行的 ESCAP/WMO 台风委员会水文工作组第六次会议。

10 月，汉江发生明显秋汛，水利部水文局提前 1～3 天准确预报丹江口水库入库洪水，为丹江口水库既成功实现与汉江中下游洪水错峰调度，同时又确保水库分阶段安全蓄至 167.00m 历史新高的科学调度提供了有力支撑。

10月，根据中央编办关于行政职能事业单位改革试点方案的批复，在水利部设立水文司，原水利部水文局（水利信息中心）更名为水利部信息中心，加挂"水利部水文水资源监测预报中心"牌子。水利部水文情报预报中心（副局级）隶属于水利部信息中心，负责组织实施全国水文情报预报工作。

11月，水利部信息中心组织"洪水早期预报预警新技术培训"团组，联合长江委水文局、黄委水文局及国家外国专家局共8家单位的11位技术骨干，赴美国进行学习和考察培训；水利部信息中心派员参加在韩国济州举行的ESCAP/WMO台风委员会第12届综合研讨会。

2017年，西北太平洋副热带高压明显偏强偏西，我国暴雨洪水南北齐发、多地重发、局部频发。面对严峻汛情，全国水文部门超前部署、科学研判、加密会商、准确预报、及时预警，为有效应对长江、黄河、淮河、珠江、松花江等流域多次洪水过程，成功防御洞庭湖水系罕见大洪水和汉江严重秋汛，科学防范"纳沙""海棠""天鸽"等台风袭击，夺取防汛抗旱防台风的全面胜利，提供了重要的信息支撑和技术保障，得到各方的充分肯定。全国水文部门全年共发布1325条水情预警信息，为社会公众提前做好洪水防御避险及有关部门防汛指挥提供了决策支撑。

附录C 名词解释与指标说明

1. 洪水等级：小洪水是指洪水要素重现期小于5年的洪水；中洪水是指洪水要素重现期大于等于5年、小于20年的洪水；大洪水是指洪水要素重现期大于等于20年、小于50年的洪水；特大洪水是指洪水要素重现期大于等于50年的洪水。

2. 编号洪水：大江、大河、大湖及跨省独流入海主要河流的洪峰达到警戒水位（流量）、3~5年一遇洪水量级或影响当地防洪安全的水位（流量）时，确定为编号洪水。

3. 警戒水位：可能造成防洪工程出现险情的河流和其他水体的水位。

4. 保证水位：能保证防洪工程或防护区安全运行的最高洪水位。

5. 台风：热带气旋的一个类别，热带气旋中心持续风速达到12级即称为台风。通常热带气旋按中心附近地面最大风速划分为6个等级，见附表C.1。

附表C.1 热带气旋等级划分

名称	低层中心附近最大平均风速 /(m/s)	风力
超强台风	≥51.0	≥16级
强台风	41.5 ~ 50.9	14 ~ 15级
台风	32.7 ~ 41.4	12 ~ 13级
强热带风暴	24.5 ~ 32.6	10 ~ 11级
热带风暴	17.2 ~ 24.4	8 ~ 9级
热带低压	10.8 ~ 17.1	6 ~ 7级

注 引用国家标准《热带气旋等级》（GB/T 19201—2006），本书中除特殊说明外，将风力等级为热带风暴以上量级的热带气旋统称为台风。

6. 降雨等级： 降雨分为微量降雨（零星小雨）、小雨、中雨、大雨、暴雨、大暴雨、特大暴雨共 7 个等级，具体划分见附表 C.2。

附表 C.2　降雨等级划分

等级	时段降雨量 /mm	
	12h 降雨量	**24h 降雨量**
微量降雨（零星小雨）	< 0.1	< 0.1
小　雨	0.1 ~ 4.9	0.1 ~ 9.9
中　雨	5.0 ~ 14.9	10.0 ~ 24.9
大　雨	15.0 ~ 29.9	25.0 ~ 49.9
暴　雨	30.0 ~ 69.9	50.0 ~ 99.9
大暴雨	70.0 ~ 139.9	100.0 ~ 249.9
特大暴雨	≥ 140.0	≥ 250.0

注　引用国家标准《降水量等级》（GB/T 28592—2012）。

7. 水情预警： 指向社会公众发布的洪水、枯水等预警信息，一般包括发布单位、发布时间、水情预警信号、预警内容等。

8. 入汛日期： 指当年进入汛期的开始日期。考虑暴雨、洪水两方面因素，入汛日期采用雨量和水位两个入汛指标之一确定。详见《我国入汛日期确定办法（试行）》（国汛〔2014〕2号）。